麥田金老師的解密烘焙

超萌甜點零失敗！

88款 療癒系裝飾

午茶餅乾＊蛋糕與西點

CONTENTS

PART 1
餅乾篇

壓模式餅乾麵團

PART 2
蛋糕篇

PART 3
西點篇&免烤箱

甜點

是用奶油、砂糖、雞蛋、麵粉創造出來的甜蜜奇蹟！

可愛造型的甜點，無論大人小孩都喜歡。生活中很多小物，信手拈來，裝飾在自製的點心上，隨處有驚喜。

這是一本以下午茶甜點為設計主軸的甜點書。輕鬆製作、食材天然、一人一份剛剛好的小份量，讓甜點上桌時完美的呈現在賓客眼前。用隨手可取得的用具，容易購買的食材，發揮一點巧思，就可以讓精緻的小甜點呈現各式各樣可愛的造型。

這本書裏有四大類型的點心：

①簡單的餅乾麵團，加上一點裝飾和巧思，就能變身成時尚可愛的下午茶明星。

②小巧的杯子蛋糕、口感輕盈的蛋糕捲、一人份的4吋蛋糕，加上水果或翻糖裝飾，就能讓蛋糕質感大大提升，讓小朋友開心的尖叫：「真的是太可愛了啦！」。

③泡芙與脆皮相遇，在口感上更升級，搭配香濃滑潤的內餡，嗯～～～讓人吮指回味。

④簡單造型的千層蛋糕，藉由層層堆疊出的法式餅皮和特調餡料的組合，在口中化成令人難以忘懷的甜美滋味。

希望大家照著這本超萌甜點書做出來的可愛甜點，能讓大家的餐桌上有更多驚豔的作品。

動手做點心真的是一件很有趣的事，在製作甜點的過程中，可以忘記很多煩惱，可以療癒我們的心靈，可以發揮我們的創意。

想分享給學生和讀者的內容太多，可以寫的內容太多，最後在拍照過程中，把原始的設計和構想拆成三本，不然一本書裏，真的裝不下所有我想分享給大家的內容。感謝參與本書製作過程中所有的工作人員：攝影師、編輯、美編、行銷、以及麥田金最棒的助理團隊：亦筑、承玲、怡真、玉純、玉雪。

辛苦了，謝謝大家。

希望你喜歡這本充滿療癒氣息的甜點書，現在，準備好食材，讓我們一起動手做超萌甜點囉！

麥田金

烘焙工具

電子磅秤

精準的磅秤可以確保材料比例正確，不建議使用彈簧秤，因為容易有誤差，用久了彈簧也會老化。

不鏽鋼盆

拌勻材料使用，亦可直接加熱或隔水加熱，建議選購幾個不同尺寸的大小搭配使用。

篩網

過濾粉類、麵糊或液態類使用，挑選時以網目較細的為佳，可濾除雜質或者濾除麵糊粉粒。

橡皮刮刀

拌勻材料的好幫手，選購時注意耐熱度，耐熱材質可在加熱中的鍋盆使用。

打蛋器

打發蛋白或混拌材料時使用。挑選時，長度可比不鏽鋼盆高，比較好操作。

手提電動攪拌機

手提電動攪拌機的價格經濟實惠，比手持打蛋器省力許多。

刮板

有直線面的硬刮板和曲線面的軟刮板。硬刮板可分切麵團或奶油，軟刮板可用來刮拌麵糊。

桿麵棍

擀平麵團時使用，若購買木製桿麵棍，使用過後要徹底乾燥再收納，避免潮濕發霉。

厚度輔助尺

用兩支輔助尺架在麵團兩側，再用桿麵棍擀過，就能得到厚度一致的麵團。可於烘焙材料行購得，也能用牌尺或者木條取代。

溫度計

用來測量液體溫度的必備器具。酒精溫度計購買時注意測量範圍，注意收納避免摔到，若紅色酒精斷線就無法使用了。

擠花袋＆花嘴

可裝入奶油擠花裝飾，或者裝入麵糊和內餡等。可搭配各種花嘴變化，常用花嘴有平口花嘴、菊形花嘴以及鋸齒花嘴。

平底不沾鍋

製作千層蛋糕麵皮時使用，要使用不沾材質才好煎，鍋面大小決定千層蛋糕大小。

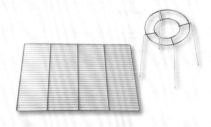

冷卻架

產品出爐時使用，中空的網格能幫助烘焙產品迅速散熱。

蛋糕轉台

裝飾蛋糕時的輔助工具，塑膠製轉台售價經濟實惠，亦可選購金屬材質轉台，轉動的穩定性較高。

防沾紙

可鋪在烤盤上避免麵團沾黏，無法重覆使用。亦可選購能重覆使用的防沾布或耐熱矽膠墊。

計時器

可幫助製作過程計時，利用聲音提醒製作者，注意觀察烘焙狀態。

抹刀

有L型和直的兩種，可用來塗抹奶油等，也可用在輔助移動蛋糕時使用。

鋸齒刀

專用於蛋糕、麵包或者西點切割。鋸齒呈月牙狀，使用時，要以來回拉鋸的方式切。

周邊模具

4吋活動蛋糕模

製作戚風或海綿蛋糕時使用，建議選用活動式烤模，脫模比較方便。

蕾絲糖矽膠模

用於蕾絲糖或巧克力塑形，可裝飾於蛋糕或餅乾等烘焙點心上。

迷你磅蛋糕模

模具可抹油防沾黏，或放一張防沾紙，烤好就能直接把蛋糕提起來。

餅乾模

餅乾模的選擇眾多，壓麵團前可先沾少許麵粉，避免麵團和模型互相沾黏。

耐烤紙模

製作杯子蛋糕使用，具有支撐力，可直接使用，不須額外套進烤模。

盆栽造型杯

點心專用造型盆栽模，底部密合無孔洞，不可烘烤，適用於慕斯類，可至烘焙器材行購買。

瓷烤盅

在製作舒芙蕾使用，光滑的瓷模有利麵糊向上爬升、膨脹。

派模

派模有活動式與固定式，固定式底部可鋪上剪好的防沾紙方便脫模。

咕咕霍夫模

是國外製作聖誕節麵包的經典模具，亦可使用於製作蛋糕。

裝飾插卡

裝飾西點時使用，增加成品趣味性和美觀度。

材料識別

黃金砂糖	二砂糖	蜜黑棗	巧克力餅乾（粉）

無糖花生醬	即溶咖啡粉	阿薩姆紅茶	伯爵茶葉	抹茶粉

食用色膏	軟質巧克力 （巧克力抹醬）	裝飾彩珠	巧克力轉印紙

香草莢醬	白巧克力	牛奶巧克力	苦甜巧克力

甜菜根粉	天然發酵無鹽奶油	香草莢	義大利蛋白霜粉

常用**裝飾材料**製作

義大利蛋白糖霜(濃)

[材料]

義大利蛋白霜粉	20g
糖粉	200g
冷開水	35g

[作法]

1 義大利蛋白霜粉＋糖粉，混合過篩，倒入冷開水。

2 先用橡皮刮刀拌勻。

3 用手提電動打蛋器快速攪打2分鐘。

4 完成以橡皮刮刀拉起為不流動的片狀，裝入擠花袋備用即可。

義大利蛋白糖霜(稀)

[材料]

義大利蛋白霜粉	20g
糖粉	200g
冷開水	45g

[作法]

1 義大利蛋白霜粉＋糖粉，混合過篩，倒入冷開水，先用橡皮刮刀拌勻。

2 再改用手提電動打蛋器以快速攪打6分鐘，完成以橡皮刮刀拉起時會流動的狀態即可。

運用＆保存

＊可添加色膏或色素調色。

＊濃稠的義大利蛋白糖霜可用於勾勒圖案邊框，立體感和厚度較佳；稀的義大利蛋白糖霜，適用於填補大面積的範圍。

＊調勻的義大利蛋白糖霜可添加色膏調色，要裝入擠花袋盡快使用，否則接觸空氣太久會乾掉。

奶油霜

[材料]
無鹽奶油　　200g
糖粉　　　　40g
果糖　　　　100g

1

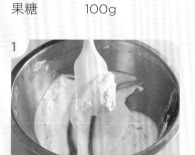

無鹽奶油放入鋼盆中，先用手提電動打蛋器打軟。

2

糖粉以濾網篩入鋼盆中，確保不結粉球。

3

先用橡皮刮刀拌勻，再用手提電動打蛋器攪打5分鐘，至呈現乳白色。

4

分3～4次倒入果糖，用手提電動打蛋器攪打。

5

持續攪打至材料混合均勻。

6

完成狀態呈顏色更白的乳白色奶油霜即可。

◆───｜ 運用＆保存 ｜───◆

＊奶油霜可用來抹蛋糕或做為餅乾夾心；裝入擠花袋可做出各種擠花裝飾。

＊此配方可置於室溫保存，但冷藏後口感較佳。

＊可加入少許食用色素調出需要的顏色。

翻糖

[材料]

熱開水	45g		糖粉	380g
細砂糖	45g		白油	45g
吉利丁片	5g			

1　熱開水＋細砂糖，入爐，煮到砂糖融化。

2　熄火，加入先泡軟後擠乾水分的吉利丁片，拌勻，放涼至約30℃，備用。

3　糖粉＋白油，放入電動攪拌鋼中，用慢速攪打。

4　當白油拌散後，分次倒入作法2的糖水。

5　繼續攪打5分鐘，至材料質地細緻，裝入塑膠袋靜置12小時即可使用。

━◀ 運用&保存 ▶━

＊完成的白色翻糖，如需其他顏色翻糖，可用牙籤沾取少許色膏，抹在翻糖上，用掌心將色膏與翻糖混合壓勻，搓揉至顏色均勻即可。

＊翻糖可冷藏保存二星期。

塑型巧克力

[材料]

巧克力	300g
麥芽糖	140g
冷開水	15g

1

巧克力放入鋼盆，以隔水加熱方式上爐，開小火。

2

依序倒入麥芽糖和冷開水。

3

邊加熱邊用橡皮刮刀混合拌勻，直到完全融化，呈亮面狀態即可。

◀━┃運用&保存┃━▶

＊塑型巧克力須留意製作過程溫度不能超過40℃，
　否則巧克力會油水分離，如果太熱要先離火降溫。

＊室溫可保存一星期。

＊使用前先揉軟，再做造型。

PART 1

餅乾篇

餅乾是進入烘焙最平易近人的選項，利用適合擠出塑形的麵糊，

和便於壓製造型的麵團，搭配療癒效果滿點的裝飾技巧，

就能變化出充滿幸福感的餅乾～

製作份量｜**25g×18片**
最佳賞味｜**常溫14天**

杏仁餅乾

[材料]

無鹽奶油	120g		杏仁粉	60g
糖粉	60g		蛋白	40g
蛋黃	40g		杏仁片	100g
低筋麵粉	170g		杏仁豆	18顆

[作法]

1 無鹽奶油室溫回軟，放入鋼盆中，用手提電動打蛋器打軟，加入已過篩的糖粉。

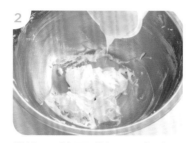

2 繼續用手提電動打蛋器打發，加入蛋黃，再打發。

3 加入過篩低筋麵粉和杏仁粉。

4 用刮刀拌勻，靜置10分鐘。

5 杏仁片用手稍微壓碎。

6 麵團分割成每個25g，搓圓。

7 利用圓框模，整形成扁圓狀。

8 將壓扁的麵團表面刷上蛋白，沾黏碎杏仁片，壓緊。

9 杏仁豆裹上蛋白，黏在麵團中心，壓緊，排至烤盤，放入烤箱，以上火180℃／下火150℃，烤焙15分鐘，將烤盤調頭，再烤7分鐘即可。

製作份量 ｜ 20g×25片
最佳賞味 ｜ 常溫14天

燕麥餅乾
蘭姆葡萄

[材料]

無鹽奶油	100g		小蘇打粉	2g
黃金砂糖	50g（或二砂糖）		燕麥片	120g
鹽	2g		熟核桃碎	65g
全蛋	30g		葡萄乾	35g
香草莢醬	1小滴		蔓越莓乾	35g
低筋麵粉	80g		蘭姆酒	適量

[作法]

1
無鹽奶油室溫回軟，放入鋼盆中，用手提電動打蛋器打軟，加入黃金砂糖＋鹽，打發。

2
加入全蛋＋香草莢醬，繼續以手提打蛋器打發。

3
加入過篩的低筋麵粉＋小蘇打粉，用刮刀拌勻。

4
加入燕麥片，拌勻。

5
再加入熟核桃碎，拌勻。

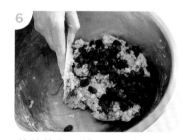

6
葡萄乾先用蘭姆酒泡軟，擠乾水分，和蔓越莓乾一起加入麵團中，拌勻。

7
麵團分割成每個20g，搓圓。

8
再利用圓模，整形成扁圓狀。

9
排在烤盤上，放入烤箱，以上火180℃／下火150℃，烤焙22～25分鐘即可。

製作份量 | 15g×25片
最佳賞味 | 常溫14天

米香紅茶餅乾
格紋紅茶餅乾

[材料]

阿薩姆紅茶葉	7g	香草莢醬	1小滴
熱開水	35g	低筋麵粉	180g
無鹽奶油	110g	小蘇打粉	2g
細砂糖	55g	米香	50g
鹽	1g		

[作法]

1

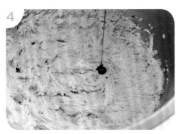

阿薩姆紅茶葉用調理機磨成粉，加入熱開水中，浸泡30分鐘（夏天請放冰箱冷藏）。

2

無鹽奶油放入鋼盆中，用手提電動打蛋器，以同方向最快速攪打1分鐘，加入細砂糖＋鹽。

3

再以同方向最快速攪打3分鐘（每攪打1分鐘，停機刮鋼盆一次），加入作法1的紅茶液。

4

繼續以同方向最快速攪打1分鐘，再加入香草莢醬，拌勻。

5

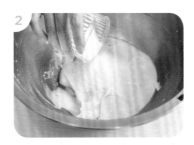

加入過篩的低筋麵粉＋小蘇打粉，用刮刀輕輕拌勻成團。

6

麵團分割成每個15g，搓圓。

7

格紋紅茶餅乾：麵團墊一層保鮮膜，用肉鎚輕輕壓扁，製造出格紋。

8

米香紅茶餅乾：麵團沾裹上米香，揉成圓球狀，再利用圓模，整形成扁圓狀。

9

一起排在烤盤上，放入烤箱，以上火180℃／下火170℃，烤焙15分鐘，將烤盤調頭，再烤7～10分鐘即可。

擠出式餅乾麵糊

擠出式餅乾麵糊攪拌完要盡快使用，避免麵糊變硬。
使用時，將麵糊裝入擠花袋中，可以運用不同花嘴擠出各種花樣。

香草麵糊

[材料]

無鹽奶油	330g	全蛋	240g
糖粉	270g	香草莢醬	1/2茶匙
鹽	5g	低筋麵粉	600g

[作法]

1 無鹽奶油室溫回軟，放入鋼盆中，用手提電動打蛋器快速打2分鐘，讓奶油回軟。

2 加入過篩的糖粉＋鹽，先用刮刀拌勻。

3 再用手提電動打蛋器，快速攪打1分鐘。

4 打發至顏色變白。

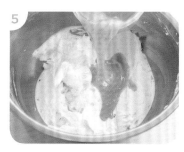

5 先加入一半全蛋，用手提電動打蛋器攪勻。

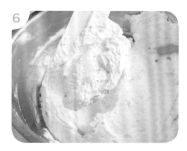

6 再加入剩餘全蛋，用手提電動打蛋器打發。

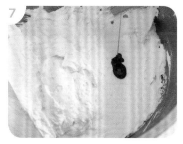

7 加入香草莢醬，用手提電動打蛋器，快速打1分鐘。

8 加入過篩的低筋麵粉，用刮刀拌勻。

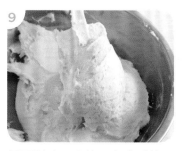

9 靜置鬆弛10分鐘，完成香草口味的擠出式麵糊。

巧克力麵糊

[材料]

無鹽奶油	330g	全蛋	240g
糖粉	270g	低筋麵粉	530g
鹽	5g	可可粉	50g

[作法]

1
無鹽奶油室溫回軟,放入鋼盆中,用手提電動打蛋器快速打2分鐘,讓奶油回軟。

2
加入過篩的糖粉＋鹽,先用刮刀拌勻,再用手提電動打蛋器,快速攪打1分鐘。

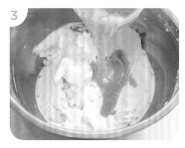

3
先加入一半全蛋,用手提電動打蛋器攪勻。

4
再加入另一半全蛋,用手提電動打蛋器打發。

5
加入過篩的低筋麵粉＋可可粉,用刮刀拌勻。

6
靜置鬆弛10分鐘,完成巧克力口味的擠出式麵糊。

最佳賞味
常溫 14 天

黑白波浪餅乾

[材料]

香草麵糊	適量（作法見P25）
巧克力麵糊	適量（作法見P26）
細砂糖	適量

[作法]

1

麵糊裝入菊形花嘴擠花袋中，在烤盤上擠出波浪長條狀。

2

表面撒上細砂糖。放入烤箱，以上火180℃／下火170℃，烤焙15分鐘，將烤盤調頭，再烤7～10分鐘即可。

繽紛 指形餅乾×6款

[材料]

香草麵糊	適量（作法見P25）	彩色糖珠	適量
巧克力麵糊	適量（作法見P26）	粉紅糖珠	適量
苦甜巧克力	適量	熟杏仁角	適量
白巧克力	適量	熟杏仁片	適量

[作法]

1
香草麵糊裝入平口花嘴擠花袋中，在烤盤上擠出指形。

2
巧克力麵糊裝入平口花嘴擠花袋中，在同一個烤盤上擠出指形，放入烤箱，以上火180℃／下火170℃，烤焙15分鐘，將烤盤調頭，再烤7～10分鐘，出爐放涼。

3
裝飾A：苦甜巧克力隔水加熱融化，裝在三角袋中，用剪刀剪一個小洞，在香草指形餅乾上畫線即可。

4
裝飾B：白巧克力隔水加熱融化，裝在三角袋中，用剪刀剪一個小洞，在巧克力指形餅乾上畫線即可。

5
裝飾C：白巧克力隔水加熱，取香草指形餅乾沾裹半截白巧克力，撒上彩色糖珠即可。

6
裝飾D：白巧克力隔水加熱，取巧克力指形餅乾沾裹半截白巧克力，撒上粉紅糖珠即可。

7
裝飾E：苦甜巧克力隔水加熱，取巧克力指形餅乾沾裹半截苦甜巧克力，撒上熟杏仁角即可。

8
裝飾F：香草指形餅乾沾裹半截苦甜巧克力，等待凝固後，再沾裹半截白巧克力。

9
在雙色巧克力交接處黏上熟杏仁片即可。

環形 奶酥餅乾×3款

[材料]

香草麵糊	適量（作法見P25）	草莓果醬	適量
巧克力麵糊	適量（作法見P26）	夏威夷豆	適量
高筋麵粉	少許	胡桃	適量

[作法]

第一款

1
香草麵糊裝入菊形花嘴擠花袋中，在烤盤上擠出圓圈形。

2
整形工具沾高筋麵粉防沾黏，於麵糊中心按壓出一個凹槽。

3
中心擠入草莓果醬，以上火180℃／下火170℃，烤焙15分鐘，將烤盤調頭，再烤7～10分鐘即可。

第二款

1
巧克力麵糊裝入菊形花嘴擠花袋中，在同一個烤盤上擠出圓圈形。

2
中心擺上夏威夷豆，以上火180℃／下火170℃，烤焙15分鐘，將烤盤調頭，再烤7～10分鐘即可。

第三款

1
香草麵糊裝入菊形花嘴擠花袋中，在烤盤上擠半個愛心形。

2
巧克力麵糊也依此上述方式，擠出另外半邊的愛心形。

3
中心擺上胡桃，放入烤箱，以上火180℃／下火170℃，烤焙15分鐘，將烤盤調頭，再烤7～10分鐘即可。

擠花　動物餅乾×3款

[材料]

| 香草麵糊 | 適量（作法見P25） | 高筋麵粉 | 少許 |
| 巧克力麵糊 | 適量（作法見P26） | 苦甜巧克力 | 適量 |

[作法]

羊咩咩

1

香草麵糊裝入平口花嘴擠花袋中，在烤盤上擠出橢圓水滴形。

2

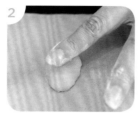

手指先沾取高筋麵粉防沾黏，再用手指壓平凸出的麵糊。

3

香草麵糊裝入小菊形花嘴擠花袋，在橢圓水滴兩側擠上耳朵。

4

放入烤箱，以上火180℃／下火170℃，烤焙15分鐘，將烤盤調頭，再烤7～10分鐘，出爐放涼，用融化的苦甜巧克力畫上表情即可。

奶油獅

1

香草麵糊裝入平口花嘴擠花袋中，在烤盤上擠出圓形。

2

香草麵糊裝入小菊形花嘴擠花袋，在外圍擠上環型小圓圈。

3

放入烤箱，以上火180℃／下火170℃，烤焙15分鐘，將烤盤調頭，再烤7～10分鐘，出爐放涼後，用融化的苦甜巧克力畫上表情即可。

黑毛獅

1

香草麵糊裝入平口花嘴擠花袋，在烤盤上擠出圓形，再將巧克力麵糊裝入小菊形花嘴擠花袋，在外圍擠上環型小圓圈。

2

在圓形靠下方居中處，擠兩撇八字當鬍子。

3

放入烤箱，以上火180℃／下火170℃，烤焙15分鐘，將烤盤調頭，再烤7～10分鐘，出爐放涼後，用融化的苦甜巧克力畫上表情即可。

餅乾
蘿蜜亞

[材料]

動物性鮮奶油	35g	熟杏仁片	200g
二砂糖	45g	香草麵糊	適量（作法見P25）
楓糖	45g		
無鹽奶油	35g		

[作法]

1

動物性鮮奶油＋二砂糖＋楓糖，放入鍋中。

2

上爐煮到121℃。

3

熄火，加入無鹽奶油，攪拌至融化。

4

加入熟杏仁片，邊拌邊將杏仁片壓碎，混合均勻即為楓糖杏仁餡。

5

香草麵糊裝入擠花袋中，使用蘿蜜亞花嘴，在烤盤上擠出蘿蜜亞造型。

6

中間填入楓糖杏仁餡，放入烤箱，以上火180℃／下火170℃，烤焙15分鐘，將烤盤調頭，再烤7～10分鐘即可。

壓模式餅乾麵團

製作份量
約 840g

香草麵團

[材料]

無鹽奶油	210g	蛋黃	70g	杏仁粉	70g
鹽	3g	香草莢醬	1/2茶匙		
糖粉	140g	低筋麵粉	350g		

[作法]

1
無鹽奶油室溫回軟，放入鋼盆中，加入鹽，用手提電動打蛋器快速打1分鐘，讓奶油回軟。

2
加入過篩的糖粉，先用刮刀拌勻，再用手提電動打蛋器，快速攪打2分鐘。

3
加入蛋黃＋香草莢醬，用手提電動打蛋器快速打發2分鐘。

4
取1/2過篩的低筋麵粉＋杏仁粉，用刮刀拌勻。

5
再加入剩餘的低筋麵粉，用刮刀拌勻成團。

6
裝入塑膠袋，用手壓平整，放入冰箱冷藏或冷凍保存即可。

壓模式餅乾麵團就是冰箱小西餅的基底麵團，可拌好用塑膠袋密封，
放進冰箱冷凍或冷藏備用。使用前，將麵團取出稍微回軟，擀薄，
運用各種模型，在薄麵團上壓出圖樣即可。若使用模型，
需將模型沾上高筋麵粉防止沾黏。

巧克力麵團

[材料]

無鹽奶油	220g	杏仁粉	70g
鹽	3g	低筋麵粉	350g
糖粉	145g	可可粉	35g
蛋黃	75g		

[作法]

1

無鹽奶油室溫回軟，放入鋼盆中，加入鹽，用手提電動打蛋器快速打1分鐘，讓奶油回軟。

2

加入過篩的糖粉，先用刮刀拌勻，再用手提電動打蛋器，快速攪打2分鐘。

3

加入蛋黃，用手提電動打蛋器快速打發2分鐘。

4

加入杏仁粉，用刮刀拌勻。

5

分2次加入過篩的低筋麵粉＋可可粉。

6

用刮刀拌勻成團狀，裝入塑膠袋中，用手壓平整，放入冰箱冷藏或冷凍保存即可。

最佳賞味
常溫 14 天

造型壓模餅乾

[材料]

香草麵團　　適量（作法見P37）

巧克力麵團　適量（作法見P38）

高筋麵粉　　少許

※餅乾麵團厚度0.5cm。

[作法]

1

從冰箱取出香草麵團和巧克力麵團，擀成0.5cm厚。

模型沾高筋麵粉防沾黏。

用模型壓出圖樣，取出，排放於烤盤上，放入烤箱。

以上火180℃ / 下火180℃，烤焙15～20分鐘即可。

猴子餅乾
腳印餅乾

[材料]

| 香草麵團 | 適量（作法見P37） | 苦甜巧克力 | 適量 | ※餅乾麵團厚度0.5cm。 |
| 巧克力麵團 | 適量（作法見P38） | 草莓巧克力 | 適量 | |

腳 印

1

香草麵團擀成0.5cm厚，以造型壓模取出腳底板。

2

巧克力麵團擀成0.5cm厚，用小圓模型，壓出4個小圓＋1個大圓。

3

組合成腳掌狀，排在烤盤上，放入烤箱，以上火180℃／下火180℃，烤焙15分鐘即可。

猴 子

1

巧克力麵團擀成0.5cm厚，用造型模型壓取1個大圓形＋2個小圓。

2

香草麵團擀成0.5cm厚，用愛心模型壓取愛心。

3

組合成猴子狀，排在烤盤上，放入烤箱，以上火180℃／下火180℃，烤焙15～20分鐘，出爐放涼。

4

苦甜巧克力、草莓巧克力，各自隔水加熱融化，裝在三角袋中，用剪刀剪一個小洞，畫出五官和粉紅臉頰即可。

貓頭鷹餅乾×2款

1 NOSTALGISCHER MIX Der Tisch...
wa vor vielen Jahrzehnten ein deko-
rativer Getreidesack. Als Gewürzschalen
...ir mischeln umfunktioniert...

[材料]

香草麵團　　　　適量（作法見P37）

巧克力麵團　　　適量（作法見P38）

杏仁豆　　　　　適量

翻糖片　　　　　適量（作法見P14）

苦甜巧克力　　　適量

※餅乾麵團厚度0.5cm。

※翻糖片厚度0.2cm。

第一款

1

香草麵團和巧克力麵團擀成0.5cm厚，用圓壓模在兩色麵團各壓1片圓形，巧克力麵團再壓取出兩片橄欖型。

2

將巧克力橄欖片放在香草圓片上，壓合。

3

在香草麵團壓取2個小圓形，組合當眼睛，中間放1顆杏仁豆，排在烤盤上，放入烤箱，以上火180℃／下火180℃，烤焙15～20分鐘，出爐放涼。

4

苦甜巧克力隔水加熱融化，裝在三角袋中，用剪刀剪一個小洞，畫上表情即可。

第二款

1

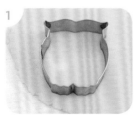

香草麵團擀成0.5cm厚，用貓頭鷹壓模壓出造型，中間放1顆杏仁豆，排在烤盤上，放入烤箱，以上火180℃／下火180℃，烤焙15～20分鐘，出爐放涼。

2

用圓花嘴壓取2片白色翻糖片。

3

黏在貓頭鷹餅乾上，當作眼睛。

4

苦甜巧克力隔水加熱融化，裝在三角袋中，用剪刀剪一個小洞，畫上表情即可。

乳牛
浣熊餅乾
松鼠

最佳賞味
常溫 14 天

松鼠餅乾

[材料]

香草麵團	適量（作法見P37）	白巧克力	適量
巧克力麵團	適量（作法見P38）	苦甜巧克力	適量
杏仁豆	適量	草莓巧克力	適量

※餅乾麵團厚度0.5cm。

[作法]

1

用模型分別在兩色麵團上，壓出如圖示的圖樣，並加入1顆杏仁豆。

2

組合成松鼠狀，排在烤盤上，放入烤箱，以上火180℃ / 下火180℃，烤焙15～20分鐘，出爐放涼。

3

白巧克力隔水加熱融化，裝在三角袋中，用剪刀剪一個小洞，在餅乾上畫出捲尾巴。

4

依同樣方式，用融化的苦甜巧克力，畫上表情；融化的草莓巧克力，畫上粉紅臉頰，等待凝固即可。

浣熊餅乾

[材料]

香草麵團	適量（作法見P37）	白巧克力	適量	※餅乾麵團厚度0.5cm。
巧克力麵團	適量（作法見P38）	苦甜巧克力	適量	
蔓越莓乾	適量			

[作法]

1

用模型分別在兩色麵團上，壓出如圖示的圖樣，並加入1顆蔓越莓。

2

組合成浣熊狀，排在烤盤上，放入烤箱，以上火180℃／下火180℃，烤焙15～20分鐘，出爐放涼。

3

白巧克力隔水加熱融化，裝在三角袋中，用剪刀剪一個小洞，在餅乾上畫出白肚子。

4

依同樣方式，用融化的苦甜巧克力，畫上表情與手腳，等待凝固即可。

乳牛餅乾

最佳賞味
常溫 14 天

[材料]

香草麵團	適量（作法見P37）	苦甜巧克力	適量
巧克力麵團	適量（作法見P38）	草莓巧克力	適量
白巧克力	適量		

※餅乾麵團厚度0.5cm。
※翻糖片厚度0.2cm。

[作法]

1

用模型在巧克力麵團上，壓出乳牛形，再壓取一角。使用模型，在香草麵團上壓出完整的乳牛形與橢圓形。

2

組合成乳牛狀，排在烤盤上，放入烤箱，以上火180℃／下火180℃，烤焙15～20分鐘，出爐放涼。

3

用橢圓模壓取1片白色翻糖片，黏貼在餅乾上。

4

用白巧克力畫出肚子，凝固後用草莓巧克力畫上口袋與腮紅；再用苦甜巧克力畫出表情即可。

最佳賞味
常溫 14 天

餅乾×4款
幾何掛耳

[材料]

香草麵團	適量（作法見P37）	各色巧克力	適量
各色翻糖片	適量（作法見P14）	※餅乾麵團厚度0.5cm。	
各色義大利蛋白糖霜	適量（作法見P12）	※翻糖片厚度0.2cm。	

[作法]

1 用四款掛耳模型，在香草麵團上壓出造型，排在烤盤上，放入烤箱，以上火180℃／下火180℃，烤焙15～20分鐘，出爐放涼。

2 以掛耳模型在翻糖片上壓出造型翻糖片。

3 蓋在餅乾上，貼合。

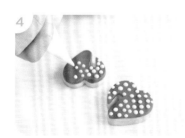

4

5

6

再用各色義大利蛋白糖霜或各色融化的巧克力，畫出喜歡的圖樣即可。

紅唇餅乾 手掌 眼鏡

[材料]

香草麵團	適量（作法見P37）	各色翻糖片	適量
巧克力麵團	適量（作法見P38）	※餅乾麵團厚度0.5cm。	
苦甜巧克力	適量	※翻糖片厚度0.2cm。	
白巧克力	適量		

眼鏡餅乾

1
用眼鏡模型在巧克力麵團上壓出造型，排在烤盤上，放入烤箱，以上火180℃／下火180℃，烤焙15～20分鐘，出爐放涼。

2
將餅乾放在網架上，淋上融化的苦甜巧克力。

3
用融化的白巧克力畫上陰影，等待凝固即可。

手掌餅乾

1
用手掌模型在香草麵團上壓出造型，排在烤盤上，放入烤箱，以上火180℃／下火180℃，烤焙15～20分鐘，出爐放涼。

2
用模型在綠色翻糖片上，壓出手掌造型及中空愛心。

3
取下翻糖片，黏貼在手掌餅乾上即可。

紅唇餅乾

1
用嘴唇模型在香草麵團上，壓出造型，排在烤盤上，放入烤箱，以上火180℃／下火180℃，烤焙15～20分鐘，出爐放涼。

2
用模型在紅色翻糖片上，壓出嘴唇造型，黏貼在餅乾上。

3
用苦甜巧克力與白巧克力畫上唇線即可。

彩球餅乾
小熊餅乾

[材料]

香草麵團	適量	（作法見P37）
各色義大利蛋白糖霜	適量	（作法見P12）
粉紅色翻糖片	適量	（作法見P14）
白巧克力	適量	
苦甜巧克力	適量	
草莓巧克力	適量	

※餅乾麵團厚度0.5cm。

※翻糖片厚度0.2cm。

小熊餅乾

1

用小熊模型在香草麵團上壓出造型，排在烤盤上，放入烤箱，以上火180℃／下火180℃，烤焙15～20分鐘，出爐放涼。

2

用小熊模型在粉紅色翻糖片壓出小熊造型，切取衣服部位，再貼在餅乾上。

3

用融化的白巧克力畫上鈕扣、苦甜巧克力畫上表情即可。

彩球餅乾

1

用圓形模型在香草麵團上壓出圖形，排在烤盤上，放入烤箱，以上火180℃／下火180℃，烤焙15～20分鐘，出爐放涼。

2

融化的草莓巧克力或粉紅色義大利蛋白糖霜裝在三角袋中，用剪刀剪一個小洞，在餅乾上畫出風車形。

3

用融化的白巧克力或白色義大利蛋白糖霜填滿空隙，等待凝固即可。

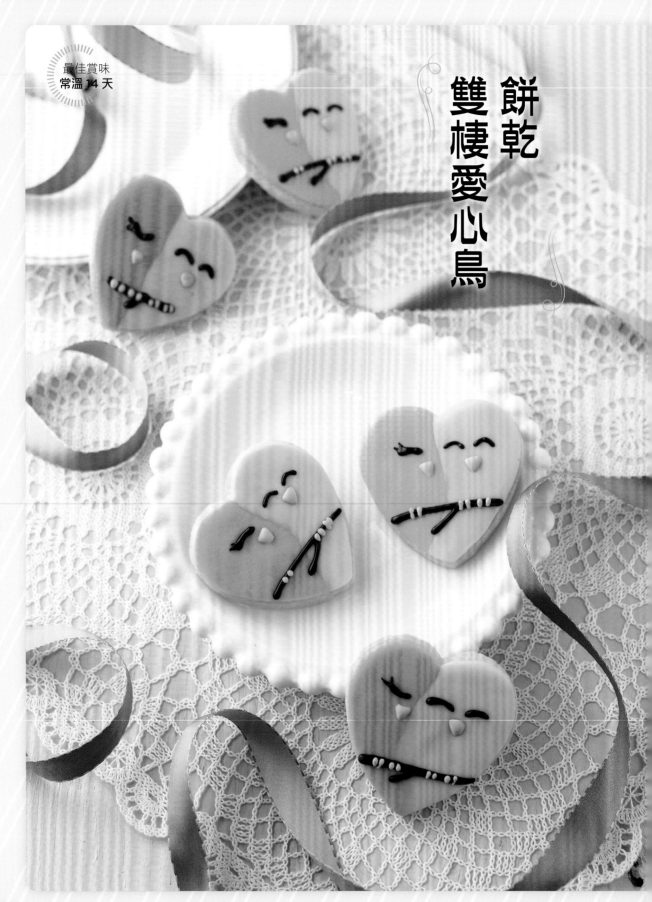

餅乾
雙棲愛心鳥

[材料]

香草麵團	適量（作法見P37）	苦甜巧克力	適量
粉紅色翻糖	適量（作法見P14）	草莓巧克力	適量
藍色翻糖	適量（作法見P14）	※餅乾麵團厚度0.5cm。	

[作法]

1

用模型在香草麵團上，壓出心形，排在烤盤上，放入烤箱，以上火180℃／下火180℃，烤焙15～20分鐘，出爐放涼。

2

粉紅色翻糖和藍色翻糖並排，擀成厚度0.2cm。

3

用模型於兩色翻糖片交接處，壓出心形。

4

將雙色愛心翻糖片貼在餅乾，壓合。

5

用苦甜巧克力畫出表情。

6

再用草莓巧克力畫上鳥嘴和腳趾即可。

[材料]

香草麵團	適量（作法見P37）	彩色糖珠	少許
各色翻糖片	適量（作法見P14）	※餅乾麵團厚度0.5cm。	
苦甜巧克力	適量	※翻糖片厚度0.2cm。	
草莓巧克力	適量		

[作法]

1 用臉形模型在香草麵團上，壓出造型，排在烤盤上，放入烤箱，以上火180℃／下火180℃，烤焙15～20分鐘，出爐放涼。

2 用臉形模型在膚色翻糖片上壓出造型，黏貼於餅乾上。

3 用刀切除上方三角區域的翻糖片。

4 用模型在藍色翻糖片上，壓取臉型上半部。

5 裁取適當大小當帽子，再黏貼於餅乾上。

6 切取一長條型黏貼當作帽沿，並按壓出紋路。

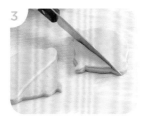

7 揉一小圓球當作帽頂。

8 用膚色翻糖黏貼上耳朵，並按壓出立體感。

9 用融化的苦甜巧克力畫上頭髮，細微處用牙籤推移，填滿縫隙。

10 接著用苦甜巧克力畫出表情，草莓巧克力畫出腮紅。

11 揉一小圓膚色翻糖，黏貼當作鼻子。

12 翻糖片壓出小花，黏貼在帽沿上，以彩色糖珠裝飾即可。

餅乾
留言板

[材料]

香草麵團	適量（作法見P37）	各色巧克力	適量
各色翻糖片	適量（作法見P14）		
銀色糖珠	適量		

※餅乾麵團厚度0.5cm。

※翻糖片厚度0.2cm。

[作法]

1

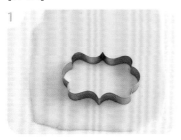

用留言板模型在香草麵團上壓出造型，排在烤盤上，放入烤箱，以上火180℃／下火180℃，烤焙15～20分鐘，出爐放涼。

2

用模型在翻糖片上壓出造型。

3

黏貼在餅乾上。

4

以壓模做出翻糖小花，壓黏在留言板上，再以鑷子壓入銀色糖珠。

5

花朵中心擠入各色巧克力，當作花蕊。

6

用苦甜巧克力寫上文字即可。

最佳賞味
常溫 14 天

餅乾×4款
甜點造型

[材料]

香草麵團　　　　　　　　適量（作法見P37）

各色巧克力　　　　　　　適量

各色義大利蛋白糖霜　　適量（作法見P12）

彩色糖珠　　　　　　　適量

※餅乾麵團厚度0.5cm。

[作法]

甜 筒

1

用冰淇淋模型在香草麵團上壓出造型。排在烤盤上，放入烤箱，以上火180℃／下火180℃，烤焙12～15分鐘，出爐放涼。

2

中間填上融化的草莓巧克力或粉紅色義大利蛋白糖霜。

3

撒上珍珠色糖珠，等待凝固。

4

上方填上融化的牛奶巧克力（或黃色義大利蛋白糖霜）。

5

撒上彩色糖珠。

6

下方用融化的苦甜巧克力畫上紋路即可。

[材料]

香草麵團　　　　適量（作法見P37）
各色翻糖片　　　適量（作法見P14）
各色巧克力　　　適量

各色義大利蛋白糖霜　　適量（作法見P12）
彩色糖珠　　　　適量
※餅乾麵團厚度0.5cm。
※翻糖片厚度0.2cm。

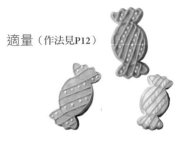

[作法]

───────────────── 糖　果 ─────────────────

1

2

3

用糖果模型在香草麵團上壓
出造型，排在烤盤上，放入
烤箱，以上火180℃／下火
180℃，烤焙15～20分鐘，出
爐放涼。

用糖果模型在翻糖片上壓出造
型，黏貼於餅乾上。

用融化的巧克力或義大利蛋白
糖霜彩繪圖樣即可。

───────────────── 冰　棒 ─────────────────

1

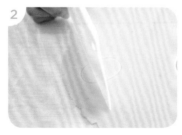

2

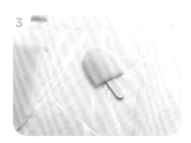

3

用橢圓模型在香草麵團上壓出
造型。

對切成兩半。

麵團下方墊一根木棍，稍微壓
合，排在烤盤上，放入烤箱，
以上火180℃／下火180℃，烤
焙15～20分鐘，出爐放涼。

4

5

分別擠上融化的苦甜巧克力與
草莓巧克力。

撒上彩色糖珠即可。

[材料]

香草麵團	適量（作法見P37）	各色義大利蛋白糖霜	適量（作法見P12）
各色翻糖片	適量（作法見P14）	彩色糖珠	適量
各色巧克力	適量		

※餅乾麵團厚度0.5cm。

※翻糖片厚度0.2cm。

[作法]

杯子蛋糕

1 用留言板模型在香草麵團上壓出造型。

2 對切成兩片，修整成杯子蛋糕造型。排在烤盤上，放入烤箱，以上火180℃／下火180℃，烤焙15～20分鐘，出爐放涼。

3 用留言板模型在翻糖片上壓出造型，再對切成兩半。

4 貼合在餅乾上，下方修整成波浪形。

5 下方填上融化的巧克力（或義大利蛋白糖霜）。

6 乾燥凝固後，用融化的巧克力或義大利蛋白糖霜彩繪線條。

7 上方雲朵冰淇淋部分，撒上彩色糖珠。

8 用手指將糖珠壓入翻糖片中固定即可。

餅乾
狗狗狗狗樂園

[材料]

香草麵團　　　　適量（作法見P37）

各色翻糖片　　　適量（作法見P14）

各色巧克力　　　適量

※餅乾麵團厚度0.5cm。

※翻糖片厚度0.2cm。

[作法]

1

用模型在香草麵團上，壓出小狗造型與骨頭造型。排在烤盤上，放入烤箱，以上火180℃／下火180℃，烤焙15～20分鐘，出爐放涼。

2

用模型在白色翻糖片上壓出小狗造型，切除不要的區域。

3

將白色翻糖片黏貼於餅乾上，再用藍色翻糖捏一條項圈。

4

擺上烤好的骨頭造型餅乾，按壓貼緊。

5

用融化的苦甜巧克力畫上狗狗表情。

6

再用融化的草莓巧克力畫上腮紅即可。

如何變成掛耳餅乾

用麵團整形成兩個橢圓片，貼在身體上，用紙模捲起成筒狀，固定在中間，烤熟出爐，抽出紙捲即可。

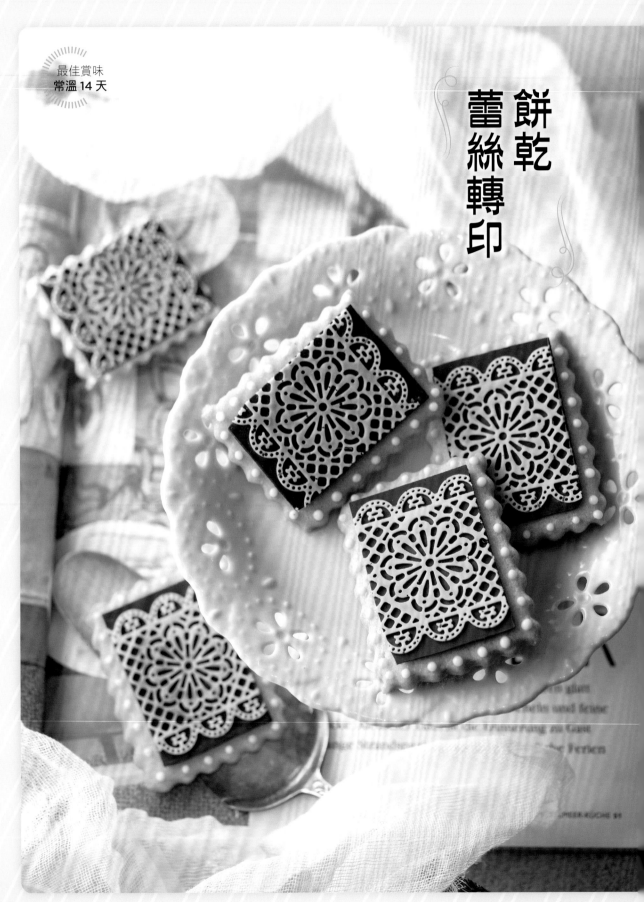

[材料]

香草麵團	適量（作法見P37）	苦甜巧克力	適量
檸檬巧克力	適量	※餅乾麵團厚度0.5cm。	
白巧克力	適量		

[作法]

1

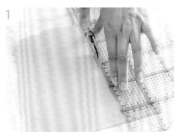

用波浪滾刀切割香草麵團，分切成4.5cm×6cm的片狀。

2

取下切割好的波浪麵團，排在烤盤上，放入烤箱，以上火180℃／下火180℃，烤焙15～20分鐘，出爐放涼。

3

蕾絲矽膠模淋上融化的檸檬巧克力，用刮刀刮平，均勻填滿模型縫隙。

4

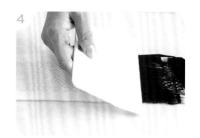

待檸檬巧克力凝固，再淋上融化的苦甜巧克力，用刮刀刮平，均勻鋪滿整個模型表面。

5

凝固後，撕開蕾絲矽膠模，即為蕾絲轉印巧克力。

6

刀子先用火烤熱，將蕾絲轉印巧克力分切成比餅乾體略小的尺寸。

7

餅乾抹上融化的苦甜巧克力。

8

黏貼上蕾絲轉印巧克力片。

9

在邊緣擠上融化的白巧克力裝飾即可。

PART 2

蛋糕篇

本篇章囊括三大蛋糕體：海綿蛋糕、戚風蛋糕以及磅蛋糕，

造型包含基礎圓模、杯子蛋糕、蛋糕捲以及環形蛋糕等，

豐富又可愛的裝飾變化，讓蛋糕更迷人～

黃金海綿
杯子蛋糕

[材料]

全蛋	220g		鮮奶	15g
黃金砂糖	90g（或二砂糖）		低筋麵粉	110g
沙拉油	20g			

[作法]

1

全蛋＋黃金砂糖放入鋼盆中，隔水加熱到40℃。

2

同時用手提電動打蛋器，快速打發4分鐘。

3

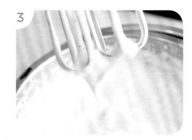

完成蛋糖糊。

4

沙拉油＋鮮奶混合。

5

先取部分作法3的蛋糖糊與作法4混合拌勻。

6

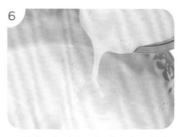

再將作法5倒回作法3的蛋糖糊中，拌勻。

7

加入過篩的低筋麵粉。

8

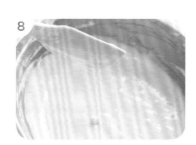

用刮刀輕輕、快速的拌勻。

9

將麵糊填入杯子紙模，抹平表面，輕敲震出多餘空氣，放入烤箱，以上火170℃／下火170℃，烤焙20分鐘，將烤盤調頭，再烤3分鐘，出爐後倒扣放涼即可。

糖霜狗狗
杯子蛋糕

[材料]

黃金海綿杯子蛋糕（作法見P71）

苦甜巧克力　　　　　適量

義大利蛋白糖霜（濃）　適量（作法見P12）

食用色素　　　　　　少許

[作法]

1

苦甜巧克力隔水加熱至融化，裝在三角袋中，用剪刀剪一個小洞，在紙上畫出眼睛、鼻子，放入冰箱冷藏加速凝固。

2

義大利蛋白濃糖霜以食用色素調出喜歡的狗狗毛色。

3

裝入＃133半形特殊花嘴擠花袋內，備用。

4

白色義大利蛋白濃糖霜也裝入特殊花嘴擠花袋，在杯子蛋糕外圍先擠出一圈。

5

再往內擠一圈原色義大利蛋白濃糖霜。

6

用調好的彩色義大利蛋白濃糖霜擠出耳朵模樣。

7

黏貼上作法1凝固的巧克力片。

8

用白色濃糖霜擠出立體的頭部與嘴部。

9

再點上水汪汪的眼珠增加萌感即可。

棉花糖
杯子蛋糕

Share & Enjoy

[材料]

白巧克力	30g		全蛋	35g
沙拉油	40g		蛋黃	50g
低筋麵粉	60g		蛋白	100g
鮮奶	35g		細砂糖	50g

[作法]

1

白巧克力放入鋼盆，隔水加熱至融化。

2

沙拉油放在鋼盆中，上爐，以中火加熱至產生油紋。

3

不熄火，馬上倒入過篩的低筋麵粉。

4

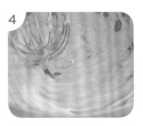

用打蛋器快速攪勻，煮20秒。

5

熄火，離爐，加入鮮奶，用打蛋器攪勻。

6

加入作法1融化的白巧克力，用打蛋器攪勻。

7

加入全蛋和蛋黃，用打蛋器攪勻。

8

此即白巧克力蛋黃糊。

9

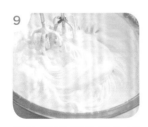

另取乾淨鋼盆放入蛋白，持手提電動打蛋器，以同方向最快速打發，分2次加入細砂糖，打至濕性發泡9分發。

10

取1/2作法9打發的蛋白，加入作法8的白巧克力蛋黃糊中，用刮刀輕輕、快速的拌勻。

11

再加入剩餘1/2的打發蛋白，一樣用刮刀輕輕、快速的拌勻。

12

將麵糊填入模型裡，抹平表面，輕敲震出多餘的空氣，放入烤箱，以上火180℃／下火160℃，烤焙25分鐘，出爐，倒扣放涼即可。

棉花糖蛋糕
4吋水果

製作份量｜130g×3個
最佳賞味｜冷藏4天

[材料]

A 蛋糕體

白巧克力30g、沙拉油40g、低筋麵粉60g、
鮮奶35g、全蛋35g、蛋黃50g、蛋白100g、
細砂糖50g

B 裝飾用

打發動物性鮮奶油300g、藍莓果醬適量、
蛋糕圍邊1片、草莓適量、藍莓適量、
薄荷葉適量

[作法]

1

蛋糕體：麵糊作法見P75步驟1～11，將麵糊填入4吋活動烤模，用湯匙輕攪，以釋出多餘的空氣，抹平，輕敲震出空氣。

2

放入烤箱，以上火180℃／下火160℃，烤焙28～30分鐘，出爐，倒扣放涼。輕壓蛋糕體表面，使之與烤模分離。

3

取出蛋糕體後，再用手輕輕將烤模底盤與蛋糕分離。

4

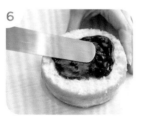

將蛋糕體比較粗糙的上、下邊緣剪掉。

5

蛋糕體倒扣，用鋸齒刀把蛋糕橫切成上、下兩塊。

6

蛋糕中間抹上藍莓果醬，再夾回原狀。

7

將蛋糕放在轉台上，取適量打發動物性鮮奶油，用抹刀抹在蛋糕體表面。

8

再抹蛋糕體側面。

9

一邊轉轉台，一邊用抹刀推平鮮奶油。

10

修飾平整後，移入盤中，側面貼上一圈蛋糕圍邊裝飾。

11

打發動物性鮮奶油裝入擠花袋內，用花嘴在底側與表面擠上圖案。

12

放上草莓、藍莓，點綴薄荷葉裝飾即可。

蛋糕
草莓棉花糖

[材料]

棉花糖杯子蛋糕（作法見P75）　　　草莓　　　適量

打發動物性鮮奶油　　適量　　　　防潮糖粉　　少許

[作法]

1

用剪刀在蛋糕中心剪一個洞。

2

打發動物性鮮奶油裝入擠花袋，從中心灌入鮮奶油。

3

表面擠上一朵鮮奶油。

4

撒上防潮糖粉。

5

草莓用刀切成片狀，但蒂頭處不切斷。

6

將草莓擺在蛋糕上，反轉最後一片草莓（更美觀）即可。

模具尺寸｜直徑5cm×高度4.5cm
製作份量｜45g×10個
最佳賞味｜冷藏4天

杯子蛋糕
巧克力海綿

080

[材料]

沙拉油	20g		全蛋	210g
熱水	35g		細砂糖	100g
可可粉	25g		低筋麵粉	90g

[作法]

1 沙拉油＋熱水＋過篩的可可粉，混合拌勻。

2 拌勻成可可糊，以隔熱水方式保溫，備用。

3 另取一個鋼盆，加入全蛋＋細砂糖。

4 一邊隔水加熱，同時用手提電動打蛋器快速打發4分鐘，至蛋糊加熱到40℃。

5 加入過篩的低筋麵粉拌勻。

6 先取部分作法5的麵糊，與作法2可可糊混合拌勻。

7 將作法6倒回作法5的麵糊中。

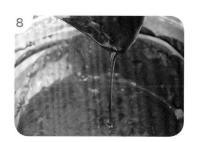

8 混合拌勻成巧克力麵糊。

9 巧克力麵糊填入模型，放入烤箱，以上火170℃／下火170℃，烤焙18分鐘，將烤盤調頭，再烤4分鐘，出爐，倒扣放涼即可。

麋鹿 杯子蛋糕

[材料]

巧克力海綿杯子蛋糕	10個（作法見P81）
苦甜巧克力	適量
白巧克力	適量
粉紅色翻糖片	適量（作法見P14）
紅色翻糖片	適量（作法見P14）
德國扭結餅乾	20片

※翻糖片厚度0.2cm。

[作法]

1
苦甜巧克力隔水加熱融化，刷在蛋糕表面。

2
用圓模在粉紅色翻糖上壓出大圓；另取小圓模在紅色翻糖片上壓出小圓。

3
將翻糖圓片黏貼在蛋糕表面，當作麋鹿的臉部與鼻子。

4
黏貼2片扭結餅乾當作鹿角。

5
用融化的白巧克力畫上眼睛。

6
再用融化的苦甜巧克力點上眼珠即可。

杯子蛋糕 北極熊腳印

最佳賞味
冷藏 4 天

[材料]

巧克力海綿杯子蛋糕（作法見
P81）、苦甜巧克力適量、鏡面
果膠適量、椰子粉適量、義大
利蛋白糖霜少許（作法見P12）

[作法]

1

苦甜巧克力隔水加熱融化，裝
在三角袋中，用剪刀剪一個小
洞，在紙上畫出腳印圖案，放
入冰箱冷藏，快速凝固。

2

蛋糕表面刷上鏡面果膠。

3

均勻撒上椰子粉。

4

以義大利蛋白糖霜作為黏著
劑，貼上腳印巧克力片即可。

海綿蛋糕小花園

最佳賞味 冷藏 **4** 天

[材料]

黃金海綿杯子蛋糕（作法見P71）、打發動物性鮮奶油適量、綠色食用色素少許、各色翻糖片適量（作法見P14）、彩色糖珠適量
※翻糖片厚度0.2cm。

[作法]

1

打發動物性鮮奶油以少許綠色食用色素調色，裝入#133特殊花嘴擠花袋內，在蛋糕表面擠出草叢狀。

2

用花朵模型在翻糖片上壓出造型小花。

3

貼上各色翻糖花朵，再撒上彩色糖珠即可。

磅蛋糕
大理石杯子

模具尺寸｜直徑5cm×高度4.5cm
製作份量｜70g×10個
最佳賞味｜冷藏4天

[材料]

無鹽奶油	165g	檸檬皮	1/2顆	
糖粉	165g	柳橙皮	1/2顆	
全蛋	140g	鮮奶	40g	
低筋麵粉	165g	可可粉	15g	
泡打粉	4g			

[作法]

1

無鹽奶油回軟，用手提電動打蛋器打軟1分鐘。

2

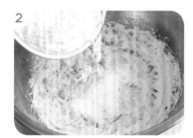

加入過篩糖粉，用刮刀拌勻，再用手提電動打蛋器，打發3分鐘至顏色變白。

3

分次加入全蛋，打勻，再用手提電動打蛋器打發3分鐘。

4

加入過篩的低筋麵粉、泡打粉，用刮刀拌勻。

5

將作法4拌好的麵糊分成2份，第1份加入刨絲的檸檬皮與柳橙皮，即為水果麵糊。

6

鮮奶＋過篩的可可粉，拌勻，加入第2份麵糊中，拌勻為可可麵糊。

7

將作法5水果麵糊加入作法6可可麵糊。

8

輕輕拌兩下，成雙色大理石紋路（留意不可拌太均勻，否則紋路會不明顯）。

9

將大理石麵糊填入烤模中，放入烤箱，以上火170℃／下火170℃，烤焙28分鐘，出爐，放涼即可。

翻糖杯子蛋糕
動物好朋友

[材料]

大理石杯子磅蛋糕（作法見P87）		粉紅色翻糖片	適量（作法見P14）
奶油霜	100g（作法見P13）	紅色翻糖片	適量（作法見P14）
棕色義大利蛋白糖霜（濃）適量（作法見P12）		苦甜巧克力	適量
黃色翻糖片	適量（作法見P14）	※翻糖片厚度0.2cm。	
白色翻糖片	適量（作法見P14）		

—————— 獅 子 ——————

[作法]

1

蛋糕用剪刀修飾表面，使之呈半圓形。

2

蛋糕表面刷上奶油霜。

3

黃色翻糖擀平成厚度0.2cm。

4

用波浪圓模在黃色翻糖片上壓出波浪圓片（圓直徑和蛋糕體表面一致）。

5

將翻糖片貼在蛋糕表面。

6

用手輕壓緊四邊，使之黏合。

7

沿著邊緣擠上一圈棕色濃糖霜，當作獅子的棕鬃。

8

貼上白色水滴狀翻糖片，當作臉頰。

9

再用融化的苦甜巧克力畫上表情即可。

粉紅豬

[作法]

1

蛋糕用剪刀修飾表面，使之呈半圓形，抹上奶油霜。

2

貼上粉紅色波浪圓形翻糖片，並用手輕壓緊四邊，黏合。

3

貼上橢圓形粉紅色翻糖片，並壓出兩個小洞，當作豬鼻子。

4

用翻糖捏兩個小耳朵，黏上。

5

用融化的苦甜巧克力畫眼睛。

6

最後黏上紅色小圓翻糖，當作腮紅即可。

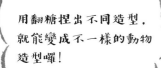

用翻糖捏出不同造型，就能變成不一樣的動物造型囉！

貓頭鷹蛋糕

巧克力戚風蛋糕體

[材料]

沙拉油	90g	鹽	1g	泡打粉	2g
可可粉	20g	水	50g	蛋白	115g
小蘇打粉	2g	蛋黃	60g	細砂糖B	75g
細砂糖A	35g	低筋麵粉	80g	塔塔粉	1g

[作法]

1

沙拉油加熱到40℃，熄火。

2

加入過篩的可可粉＋小蘇打粉，拌勻。

3

細砂糖A＋鹽＋水，先拌至融解，再倒入作法2內攪勻。

4

加入蛋黃攪拌均勻，再加入過篩的低筋麵粉＋泡打粉。

5

攪拌均勻至呈無顆粒的糊狀，此即巧克力麵糊。

6

另取一個乾淨的鋼盆，裝入蛋白＋細砂糖B＋塔塔粉，打至濕性發泡9分發。

7

將打發蛋白分次加入巧克力麵糊中，拌勻。

8

將麵糊填入4吋活動圓模裡，抹平表面，輕敲震出空氣，放入烤箱，以上火180℃／下火160℃，烤焙20分鐘，將烤盤調頭，再烤3～5分鐘，出爐後倒扣放涼。

9

輕壓蛋糕體表面，使之與烤模分離，取出蛋糕體，用手輕輕將烤模底盤與蛋糕分離即可。

貓頭鷹裝飾技法

[材料]

4吋巧克力戚風蛋糕	2顆（作法見P92）	各色塑型巧克力	適量（作法見P15）
軟質苦甜巧克力	適量	各色翻糖片	適量（作法見P14）
軟質牛奶巧克力	適量	奶油霜	適量（作法見P13）
		※翻糖片厚度0.2cm。	

款式A

[作法]

1

蛋糕體倒扣在轉台上，用剪刀修剪成半橢圓形。

2

黑色軟質苦甜巧克力裝入平口花嘴擠花袋，邊轉轉台，邊向上擠出軟質苦甜巧克力。

3

擠好的軟質巧克力尖角處，用抹刀推平。

4

再用同樣方式擠上咖啡色軟質牛奶巧克力，當胸前羽毛。

5

頂端用黑色軟質苦甜巧克力，向上拉尖擠出羽毛。

6

用各色翻糖或塑型巧克力捏出五官和腳趾。

7

把作法6黏貼在蛋糕上，可搭配翻糖作裝飾領帶即可。

款式B

1

塑型巧克力調成適合顏色，擀平後再用模型壓出一片片小圓形。

2

蛋糕體修剪成半橢圓形後，抹上奶油霜，再一片片貼上深色塑型巧克力圓片。

3

再貼淺色塑型巧克力圓片，銜接處小心交疊。

4

用各色塑型巧克力作出五官與裝飾，黏貼在蛋糕上即可。

香蕉巧克力 惡魔蛋糕

[材料]

4吋巧克力戚風蛋糕　　1顆（作法見P92）

打發動物性鮮奶油　　100g

香蕉　　　　　　　　1根

巧克力餅乾粉　　　　30g

[作法]

1

用剪刀將蛋糕體比較粗糙的上、下邊緣剪掉。

2

將蛋糕放在轉台上，用刀橫切成上、下兩塊。

3

中間抹上打發動物性鮮奶油。

4

香蕉切片，鋪滿在鮮奶油上。

5

再抹一層打發動物性鮮奶油。

6

疊上另一片蛋糕體，表面擠上打發動物性鮮奶油。

7

用湯匙刮出紋路。

8

中間撒上巧克力餅乾粉即可。

橘香磅蛋糕
伯爵茶磅蛋糕

伯爵茶磅蛋糕

[材料]

伯爵茶葉	8g	泡打粉	2g
鮮奶	20g	糖粉	90g
無鹽奶油	90g	全蛋	90g
低筋麵粉	110g		

[作法]

1

伯爵茶葉用研磨器磨成伯爵茶粉。

2

將伯爵茶粉加入鮮奶中,浸泡約30分鐘,讓味道釋出。

3

無鹽奶油放入鋼盆,倒入已過篩的低筋麵粉＋泡打粉。

4

用手提電動打蛋器慢速攪拌1分鐘,轉中速攪拌3分鐘。

5

加入過篩糖粉,先用刮刀拌勻,再以手提電動打蛋器慢速攪拌1分鐘,轉中速攪拌3分鐘。

6

分次加入全蛋,用中速攪拌3分鐘。

7

拌勻成無顆粒狀。

8

加入作法2的伯爵茶粉鮮奶糊。

9

用刮刀拌勻,完成伯爵茶麵糊。

10

將麵糊裝入擠花袋,擠在環形模裡約八分滿。

11

敲平,放入烤箱,以上火170℃／下火170℃,烤焙15分鐘,將烤盤調頭,再烤7分鐘,出爐,倒扣放涼即可。

橘香磅蛋糕

製作份量
直徑7cm環形模×6個

[材料]

無鹽奶油	70g	全蛋	55g	泡打粉	5g
細砂糖	60g	芒果果泥	30g	法式橘皮丁	50g
鹽	1g	低筋麵粉	105g		

[作法]

1 無鹽奶油放入鋼盆，隔水加熱至融化。

2 離爐，加入細砂糖＋鹽，用打蛋器攪勻。

3 加入全蛋，用打蛋器攪勻。

4 再加入芒果果泥，用打蛋器攪拌均勻。

5 倒入過篩的低筋麵粉＋泡打粉，用打蛋器攪勻。

6 加入法式橘皮丁，用刮刀拌勻成橘香麵糊。

7 將橘香麵糊裝入擠花袋，方便灌模。

8 擠在環形模裡約八分滿，輕輕敲平，放入烤箱，以上火170℃／下火170℃，烤焙15分鐘，將烤盤調頭，再烤7分鐘，出爐，倒扣放涼即可。

磅蛋糕水果花園

最佳賞味
冷藏4天

[材料]

伯爵茶磅蛋糕（作法見P97）

打發動物性鮮奶油	適量
草莓	適量
藍莓	適量
塑型巧克力花	適量
裝飾插卡	適量

[作法]

1

磅蛋糕表面擠上打發動物性鮮奶油。

2

擺上草莓片、藍莓及塑型巧克力花，最後以插卡裝飾即可。

小熊
貓咪磅蛋糕
彩珠

製作份量 ｜ 直徑7cm環形模×2個
最佳賞味 ｜ 冷藏4天

彩珠磅蛋糕

[材料]

橘香磅蛋糕	2個（作法見P98）
草莓巧克力	125g
檸檬巧克力	125g
彩色糖珠	適量

[作法]

1
用小圓形模將橘香磅蛋糕中間挖空（保留取出的圓片蛋糕，可用於小熊蛋糕），放在網架上備用。

2
草莓巧克力隔水加熱至融化，集中淋在一側蛋糕體。

3
靜置到巧克力凝固定型。

4
凝固後，另外半邊淋上隔水加熱至融化的檸檬巧克力，再次靜置。

5
凝固後，再淋第二次草莓巧克力與檸檬巧克力，讓蛋糕表面更光滑。

6
趁乾燥前快速撒上彩色糖珠使之附著，靜置凝固定型即可。

貓咪磅蛋糕

製作份量
直徑7cm環形模×2個

[材料]

橘香磅蛋糕2個（作法見**P98**）、熟杏仁豆4顆、檸檬巧克力250g、苦甜巧克力30g

[作法]

1
用小圓形模將橘香磅蛋糕中間挖空。（取出的圓片蛋糕，請保留至小熊蛋糕使用。）

2
熟杏仁插入蛋糕二邊，做成耳朵。

3
放在網架上，淋上隔水加熱至融化的檸檬巧克力，靜置凝固定型，再淋第二次。

4
凝固後，用苦甜巧克力畫出表情即可。

小熊磅蛋糕

製作份量
直徑7cm環形模×2個

[材料]

橘香磅蛋糕2個（作法見**P98**）、白巧克力鈕扣4片、白巧克力250g、苦甜巧克力30g、草莓巧克力30g

[作法]

1
取彩珠或貓咪磅蛋糕多餘的小圓形蛋糕，壓入另一塊橘香磅蛋糕凹槽內。

2
將白巧克力鈕扣插入蛋糕側面，當作耳朵，放在網架上。

3
淋上隔水加熱至融化的白巧克力，靜置凝固定型，再淋第二次。

4
凝固後，用苦甜巧克力畫出表情；用草莓巧克力畫耳朵、腮紅、蝴蝶結即可。

模具尺寸｜直徑12cm×高度5cm
製作份量｜210g×4個
最佳賞味｜冷藏4天

磅蛋糕
莓果咕咕霍夫

[材料]

A 蛋糕體

無鹽奶油	250g	草莓果泥	40g	**B 裝飾用**	
細砂糖	125g	低筋麵粉	265g	白巧克力	適量
鹽	3g	奶粉	10g	草莓乾	適量
全蛋	3顆	泡打粉	4g	彩色糖珠	適量

[作法]

1 **蛋糕體：**無鹽奶油室溫回軟，放入鋼盆中，用手提電動打蛋器快速打發3分鐘。

2. 加入細砂糖、鹽，用手提電動打蛋器快速打發3分鐘。

3 分次加入全蛋，一次加入一顆，用手提電動打蛋器打發3分鐘。

4 加入草莓果泥，用手提電動打蛋器打發1分鐘。

5 加入過篩的低筋麵粉、奶粉、泡打粉。

6 用刮刀拌勻，即為莓果磅蛋糕麵糊。

7 將麵糊裝入烤模內約八分滿，再抹平表面，放進烤箱以上火170℃／下火170℃，烤焙22～25分鐘，出爐，倒扣在網架上。

8 **裝飾：**蛋糕冷卻後，淋上融化的白巧克力。

9 趁凝固前，快速撒上切碎的草莓乾與彩色糖珠即可。

磅蛋糕
草莓花朵

模具尺寸｜10cm×5.6cm×3.5cm
製作份量｜135g×6個
最佳賞味｜冷藏4天

[材料]

A 蛋糕體

無鹽奶油	250g	草莓果泥	40g
細砂糖	125g	低筋麵粉	265g
鹽	3g	奶粉	10g
全蛋	3顆	泡打粉	4g

B 裝飾用

打發動物性鮮奶油	適量
食用色素	少許
草莓	適量
翻糖花	適量

[作法]

1

蛋糕體：無鹽奶油室溫回軟，放入鋼盆中，用手提電動打蛋器快速打發3分鐘。

2

加入細砂糖、鹽，用手提電動打蛋器快速打發3分鐘。

3

分次加入全蛋，一次加入一顆，用手提電動打蛋器打發3分鐘。

4

加入草莓果泥，用手提電動打蛋器打發1分鐘。

5

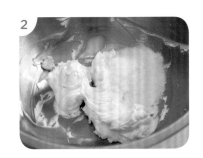

加入過篩的低筋麵粉＋奶粉＋泡打粉，用刮刀拌勻。

6

將麵糊裝入烤模內約八分滿，抹平表面，放進烤箱，以上火170℃／下火170℃，烤焙22～25分鐘。

7

裝飾：蛋糕脫模冷卻後，切除表面突起處，修整成工整的長方梯形。

8

打發動物性鮮奶油加入少許紅色食用色素，拌勻，裝入#880特殊花嘴擠花袋，以S型擠在蛋糕體上。

9

擺上草莓和翻糖花即可。

模具尺寸 | 10cm×5.6cm×3.5cm
製作份量 | 135g×6個
最佳賞味 | 冷藏4天

綜合水果
磅蛋糕

[材料]

A 蛋糕體

無鹽奶油	105g	泡打粉	6g
糖粉	90g	芒果乾丁	90g
全蛋	165g	草莓乾丁	90g
香草莢醬	1小滴	葡萄乾	90g
低筋麵粉	150g	蘭姆酒	30g

B 裝飾用

鏡面果膠	30g
蘭姆酒	10g

[作法]

1

蛋糕體：葡萄乾＋蘭姆酒，混合浸泡一天。

2

無鹽奶油室溫回軟，用手提電動打蛋器快速打發3分鐘。

3

加入過篩糖粉，用刮刀拌勻，再用手提電動打蛋器快速打發3分鐘。

4

分3次加入全蛋，用快速打發3分鐘。

5

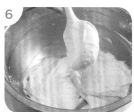

加入香草莢醬，用刮刀拌勻。

6

加入過篩的低筋麵粉＋泡打粉，用刮刀拌勻。

7

加入切碎的芒果乾丁、草莓乾丁及作法1的蘭姆酒葡萄乾。

8

用刮刀拌勻，即為綜合水果磅蛋糕麵糊。

9

將麵糊裝入擠花袋，擠在烤模內，抹平表面後入爐。

10

以上火170℃／下火170℃，烤焙約8分鐘，取出，於表面劃刀，再入爐續烤。

11

繼續烤焙12～15分鐘，出爐，脫模冷卻。

12

裝飾：鏡面果膠＋蘭姆酒，混合均勻，刷在冷卻的蛋糕表面即可。

模具尺寸｜10cm×5.6cm×3.5cm
製作份量｜135g×6個
最佳賞味｜冷藏4天

檸檬糖霜
磅蛋糕

110

[材料]

A 蛋糕體

無鹽奶油180g、鹽3g、高筋麵粉180g、泡打粉2g、細砂糖170g、全蛋180g、新鮮檸檬汁25g、香草莢醬1小滴、法式橘皮丁70g

B 裝飾用

新鮮檸檬汁20g、糖粉100g、熟杏仁條適量

[作法]

1 蛋糕體：無鹽奶油室溫回軟，和鹽一起放入鋼盆中，用手提電動打蛋器快速打發3分鐘。

2 加入混合過篩的高筋麵粉＋泡打粉，先用刮刀拌勻。

3 再用手提電動打蛋器快速打發3分鐘。

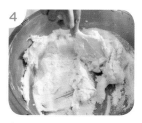

4 加入細砂糖，先用刮刀拌勻。

5 用電動打蛋器打發3分鐘，再分次加入全蛋。

6 再用電動打蛋器快速打發3分鐘，拌勻。

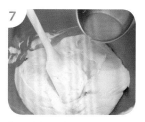

7 加入檸檬汁後打發，再加入香草莢醬，打發。

8 加入法式橘皮丁，用刮刀拌勻，即為檸檬橘香磅蛋糕麵糊。

9 將麵糊填入烤模，抹平表面後入爐。

10 以上火170℃／下火170℃，烤焙約8分鐘，取出，於表面劃刀，再繼續烤焙12～15分鐘，出爐，脫模冷卻。

11 裝飾：新鮮檸檬汁＋過篩糖粉，上爐煮到60℃，邊煮邊攪拌，完成糖霜。

12 用抹刀把糖霜抹在蛋糕表面，趁乾燥前撒上熟杏仁條即可。

模具尺寸｜10cm×5.6cm×3.5cm
製作份量｜140g×6個
最佳賞味｜冷藏4天

磅蛋糕
花生黑棗

1.烘烤中途可快速取出，於表面劃刀，再入爐續烤，可防止烤後裂開。
2.如要測試是否已烤熟，烤後可用刀尖刺入蛋糕中心，如刀尖無沾黏麵糊就
　是全熟，即可取出爐脫模放涼。

[材料]

A 蛋糕體

無鹽奶油	255g	無糖花生醬	40g
細砂糖	40g	低筋麵粉	260g
黃金砂糖	90g（或二砂糖）	奶粉	10g
鹽	3g	泡打粉	4g
全蛋	3顆	黑棗	6顆

B 裝飾用

鏡面果膠	30g
蘭姆酒	10g

[作法]

1

蛋糕體：無鹽奶油室溫回軟，放入鋼盆中，用手提電動打蛋器快速打發3分鐘。

2

加入細砂糖＋黃金砂糖＋鹽。

3

用手提電動打蛋器快速打發3分鐘。

4

1次加入1顆全蛋，用手提電動打蛋器快速打發3分鐘。

5

加入無糖花生醬，用手提電動打蛋器打發1分鐘。

6

加入過篩的低筋麵粉＋奶粉＋泡打粉。

7

用刮刀拌勻，即為花生磅蛋糕麵糊。

8

將麵糊裝入烤模，表面裝飾黑棗和花生醬（份量外），放入烤箱，以上火170℃／下火170℃，烤焙22～25分鐘。

9

裝飾：蛋糕出爐，脫模冷卻；鏡面果膠＋蘭姆酒，混合均勻，刷在蛋糕表面即可。

模具尺寸｜直徑6cm×高度2.2cm
製作份量｜70g×10個
最佳賞味｜冷藏4天

杏仁磅蛋糕派

[材料]

A 蛋糕體

無鹽奶油180g、鹽3g、低筋麵粉130g、杏仁粉50g、泡打粉2g、糖粉150g、全蛋180g、香草莢醬1小滴、杏仁片適量、回軟奶油適量

B 裝飾用

鏡面果膠30g、蘭姆酒10g

[作法]

1 蛋糕體：無鹽奶油室溫回軟，和鹽一起放入鋼盆中，用手提電動打蛋器快速打發3分鐘。

2 加入過篩低筋麵粉＋杏仁粉＋泡打粉，用刮刀拌勻，再用手提電動打蛋器快速打發3分鐘。

3 加入過篩糖粉，用刮刀拌勻，再用手提電動打蛋器打發3分鐘。

4 全蛋＋香草莢醬，拌勻，分次倒入作法3麵糊中，拌勻。

5 用電動打蛋器快速打發3分鐘，即為杏仁磅蛋糕麵糊。

6 烤模刷上回軟奶油。

7 杏仁片捏碎（完成作法8後，取少量烤熟備用）。

8 撒上杏仁片碎，使均勻沾附整個模型。

9 將麵糊裝入擠花袋，擠在烤模裡，放入烤箱，以上火170℃／下火170℃，烤焙18～22分鐘，出爐，脫模冷卻。

10 裝飾：鏡面果膠＋蘭姆酒，混合均勻。

11 蛋糕底部有杏仁碎那面朝上，刷上作法10調勻的蘭姆果膠。

12 撒上熟杏仁片碎即可。

製作份量 | 34cm×24cm×1盤（2捲）
最佳賞味 | 冷藏4天

紅絲絨蛋糕捲

116

摩卡咖啡
蛋糕捲

製作份量｜34cm×24cm×1盤（2捲）
最佳賞味｜冷藏4天

紅絲絨蛋糕捲

[材料]

A 蛋糕體

沙拉油	45g		鹽	1g
蛋黃	90g		蛋白	175g
覆盆子果泥	120g		細砂糖B	90g
低筋麵粉	120g		塔塔粉	1g
泡打粉	3g		巧克力醬	10g
甜菜根粉	12g		**B 內餡**	
細砂糖A	35g		打發動物性鮮奶油	100g

[作法]

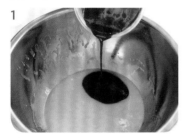

1. 沙拉油＋蛋黃＋覆盆子果泥，裝入鋼盆中，用打蛋器拌勻。

2. 低筋麵粉＋泡打粉＋甜菜根粉，一起篩入作法1中，拌勻。

3. 加入細砂糖A＋鹽，用打蛋器攪勻至砂糖融化。

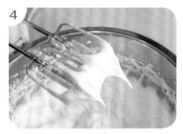

4. 另取一盆，加入蛋白，打出許多大泡泡，分2次加入細砂糖B，用手提電動打蛋器以同方向最快速打至濕性發泡9分發。

5. 取作法4打發蛋白，分2次加入作法3甜菜根麵糊中。

6. 用刮刀拌勻成紅絲絨麵糊。

7

取少許作法6的紅絲絨麵糊，加入巧克力醬，拌勻成巧克力麵糊，裝入擠花袋。

8

烤盤鋪上白報紙，取作法7擠上小愛心或圓點。

9

放入烤箱，以上火180℃／下火140℃，烤焙2～3分鐘，使巧克力麵糊凝固，整盤取出，放涼。

10

將作法6的紅絲絨麵糊分裝入小杯模裡（40g×8杯）。

11

剩餘紅絲絨麵糊倒入作法9冷卻的烤盤。

12

抹平表面，重敲震出空氣，放入烤箱，以上火180℃／下火140℃，烤焙20分鐘，將烤盤調頭，再烤8分鐘。

13

出爐，冷卻後脫模。

14

組合：杯子蛋糕橫剖。

15

用花型模壓出造型蛋糕片。

16

平盤蛋糕切成2片，先取1片底部墊白報紙，花紋面朝下，另一面抹上打發動物性鮮奶油，內側擺上花型蛋糕。

17

利用桿麵棍捲起白報紙，邊捲邊滾動，捲起。

18

最後用手收緊，即包捲完成（另1片蛋糕重複組合動作包捲），放入冰箱冷凍20分鐘至定型即可。

摩卡咖啡蛋糕捲

[材料]

A 蛋糕體				B 內餡＆裝飾	
鮮奶	50g	低筋麵粉	90g	打發動物性鮮奶油	100g
即溶咖啡粉	5g	泡打粉	3g	蜜核桃	60g
沙拉油	40g	蛋白	130g	防潮糖粉	適量
蛋黃	65g	細砂糖B	90g	苦甜巧克力	適量
細砂糖A	30g	塔塔粉	1/8小匙	裝飾銀珠	適量
鹽	1g				

[作法]

1
蛋糕體：鮮奶加熱，加入即溶咖啡粉拌勻。

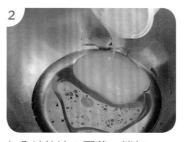

2
加入沙拉油＋蛋黃，拌勻。

3
加入細砂糖A＋鹽，用打蛋器攪到糖融化。

4
加入過篩的低筋麵粉＋泡打粉。

5
攪拌均勻至呈無顆粒的糊狀。

6
另取一盆，裝入蛋白，用手提電動打蛋器，拌打出許多大泡泡。

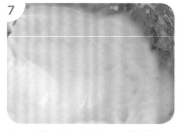

7
分2次加入細砂糖B＋塔塔粉，持續用手提電動打蛋器，以同方向最快速拌打。

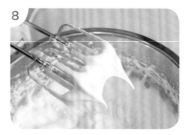

8
打至濕性發泡9分發。

9
取一半作法8打發的蛋白，加入作法5中，用刮刀拌勻。

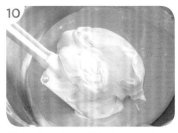

10 拌勻後再加入剩餘打發蛋白，用刮刀拌勻，即為咖啡麵糊。

11 將咖啡麵糊倒入鋪紙的烤盤。

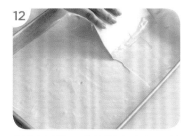

12 抹平表面，重敲震出空氣，放入烤箱，以上火180℃／下火180℃，烤焙20～22分鐘，出爐後撕開底紙放涼。

13 **組合**：將蛋糕切成2片，先取1片底部墊白報紙，表面抹上打發動物性鮮奶油。

14 用刀稍微在前端劃三刀（不切斷），可便於捲起。

15 撒上蜜核桃，再用抹刀將蜜核桃壓緊實。

16 利用桿麵棍捲起白報紙，輕輕的、快速的，邊捲邊滾動，將蛋糕包起。

17 最後用手收緊，即包捲完成（另1片蛋糕重複組合動作包捲），放入冰箱冷凍20分鐘至冷卻定型。

18 取出蛋糕捲，表面放3條長紙條，撒上防潮糖粉。

19 移除長紙條，完成糖粉裝飾。

20 擠上融化的苦甜巧克力。

21 擺上蜜核桃，再點綴銀珠裝飾，放入冰箱冷藏30分鐘至定型即可。

手捲
草莓蛋糕

[材料]

A 蛋糕體

草莓125g、沙拉油60g、蛋黃90g、
細砂糖A60g、低筋麵粉120g、蛋
白180g、細砂糖B60g

B 內餡＆裝飾

打發動物性鮮奶油100g、
草莓適量、裝飾插卡適量

[作法]

1

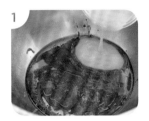

蛋糕體：草莓放入果汁機中打成果泥，加入沙拉油＋蛋黃，用打蛋器攪勻。

2

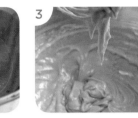

加入細砂糖A用打蛋器攪勻至砂糖融化。

3

加入過篩的低筋麵粉，用打蛋器拌勻至呈無顆粒的糊狀。

4

取一盆，裝入蛋白打出許多大泡泡，分2次加入細砂糖B，用手提電動打蛋器以同方向最快速打至濕性發泡9分發。

5

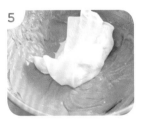

作法4打發的蛋白，分2次加入作法3中，用刮刀拌勻。

6

將麵糊倒入鋪紙的烤盤裡，抹平表面，重敲震出空氣。

7

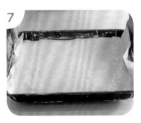

放入烤箱，以上火180℃／下火160℃，烤焙22分鐘，將烤盤調頭，再烤6分鐘，出爐後撕開底紙放涼。

8

組合：切除較粗糙的邊緣，切成2片，取1片蛋糕，底部墊白報紙。

9

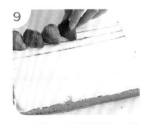

表面抹上打發動物性鮮奶油，用刀在前端劃三刀（不切斷），鋪上新鮮草莓。

10

草莓尾端皆朝內擺放。

11

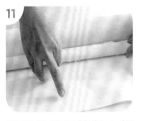

利用桿麵棍捲起白報紙，邊捲邊滾動，將蛋糕包起，最後用手收緊（另1片蛋糕重複組合動作包捲），放入冰箱冷藏30分鐘至定型。

12

表面擠上打發動物性鮮奶油，排上草莓，再以插卡裝飾即可。

製作份量｜34cm×24cm×1盤（2捲）
最佳賞味｜冷藏4天

金莎巧克力
蛋糕捲

[材料]

A 蛋糕體

沙拉油55g、可可粉20g、小蘇打粉1g、細砂糖A 35g、鹽1g、水70g、蛋黃55g、低筋麵粉75g、泡打粉2g、蛋白115g、細砂糖B 70g、塔塔粉1/8小匙

B 內餡&裝飾

打發動物性鮮奶油100g、法式橘皮丁50g、苦甜巧克力85g、動物性鮮奶油110g、熟杏仁角100g

[作法]

1

蛋糕體：沙拉油加熱到40℃，熄火，加入過篩的可可粉＋小蘇打粉，用打蛋器攪勻。

2

細砂糖A＋鹽＋水，先拌至融解，再倒入作法1內，攪勻。

3

加入蛋黃，攪拌均勻。

4

加入過篩的低筋麵粉＋泡打粉。

5

攪拌均勻至無顆粒。

6

另取一盆，裝入蛋白＋細砂糖B＋塔塔粉，打至濕性發泡9分發。

7

作法6分次加入作法5中拌勻，倒入鋪紙的烤盤裡，抹平表面，重敲震出空氣。

8

放入烤箱，以上火180℃/下火160℃，烤焙20分鐘，將烤盤調頭，再烤3～5分鐘，出爐，撕開底紙放涼。

9

組合：蛋糕切成2片，取1片底部墊白報紙，表面抹上打發動物性鮮奶油，撒上法式橘皮丁，再用抹刀將橘皮丁壓緊實。

10

利用桿麵棍捲起白報紙，邊捲邊滾動，將蛋糕包起，最後收緊（另1片蛋糕重複組合動作包捲），放入冰箱冷藏20分鐘至定型。

11

取出蛋糕捲，放在網架上；苦甜巧克力＋動物性鮮奶油，上爐，隔水加熱拌勻為巧克力甘納許，淋在蛋糕捲表面。

12

趁巧克力完全凝固前，裹上熟杏仁角即可。

製作份量 | **34cm×24cm×1盤**
最佳賞味 | **冷藏4天**

榛果卡士達蛋糕

[材料]

A 蛋糕體

沙拉油55g、可可粉20g、小蘇打粉1g、細砂糖A 35g、鹽1g、水70g、蛋黃55g、低筋麵粉75g、泡打粉2g、蛋白115g、細砂糖B 70g、塔塔粉1/8小匙

B 內餡

香草莢1/4支、水15g、細砂糖50g、鹽1g、熟榛果100g、鮮奶300g、卡士達粉70g、打發動物性鮮奶油50g

C 裝飾用

烤熟榛果適量、紅醋粟適量、裝飾插卡適量

[作法]

1

蛋糕體：請見P125步驟1～8，冷卻後修剪邊角，分切成4cm×8cm的蛋糕片，備用。

2

內餡：香草莢剖開，用刀刮出香草籽。

3

香草籽＋水＋細砂糖＋鹽，煮到121℃，倒入熟榛果。

4

炒到砂糖乾燥→返砂→掛霜，轉小火，繼續炒到糖融化成焦糖色。

5

倒在防沾紙上，分散鋪平放涼。

6

把榛果放入調理機，打成榛果醬。

7

鮮奶＋卡士達粉拌勻。

8

加入榛果醬拌勻，靜置5分鐘。

9

加入打發動物性鮮奶油，攪拌均勻，再放入冰箱冷藏15分鐘，即為榛果卡士達。

10

組合：榛果卡士達裝入平口花嘴擠花袋，以水滴形擠在蛋糕片上。

11

蛋糕以3片為1組，夾入2層榛果卡士達餡。

12

表面擠上榛果卡士達，擺上熟榛果與紅醋粟，再以插卡裝飾即可。

製作份量｜**34cm×24cm×1盤（2捲）**
最佳賞味｜**冷藏4天**

經典 芋泥捲

[材料]

A 蛋糕體

沙拉油40g、鮮奶55g、蛋黃65g、芋頭醬香料3g、細砂糖A 35g、鹽1g、低筋麵粉95g、泡打粉3g、蛋白135g、細砂糖B 95g、塔塔粉1/8小匙

B 內餡

蒸熟芋泥80g、打發動物性鮮奶油40g、細砂糖適量、有鹽奶油少許

[作法]

1

蛋糕體：鮮奶＋沙拉油＋蛋黃＋芋頭醬香料，混合攪勻。

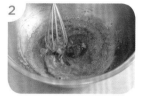

2

加入細砂糖A＋鹽，用打蛋器拌勻。

3

倒入過篩的低筋麵粉＋泡打粉。

4

用打蛋器攪拌均勻，至呈無顆粒的糊狀。

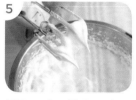

5

另取一盆，裝入蛋白，打出許多大泡泡，分2次加入細砂糖B＋塔塔粉，用手提電動打蛋器以同方向打至濕性發泡9分發。

6

作法5打發的蛋白，分2次加入作法4中，用刮刀拌勻。

7

將麵糊倒入鋪紙烤盤。

8

抹平表面，重敲震出空氣，放入烤箱，以上火180℃／下火180℃，烤焙20～22分鐘，出爐，撕開底紙放涼。

9

內餡：蒸熟芋泥依個人喜好加入適量細砂糖和少許有鹽奶油調整風味，拌勻。

10

加入打發動物性鮮奶油，拌勻，完成芋泥奶油餡。

11

組合：蛋糕切成2片，取1片底部墊白報紙，表面抹上芋泥奶油餡，前端餡料要抹厚一點。

12

利用桿麵棍捲起白報紙，邊捲邊滾動，將蛋糕包起、收緊（另1片蛋糕重複組合動作包捲），放入冰箱冷藏30分鐘至定型即可。

PART 3

免烤箱 & 西點類

此篇有熱門的泡芙，只要學會基礎泡芙麵糊，

就能變化外觀與口味截然不同的小西點。而售價昂貴的千層蛋糕，

只要擁有一把平底鍋，就能輕鬆完成～

泡芙麵糊

[材料]

無鹽奶油	70g		低筋麵粉	105g
水	200g		全蛋	3顆

[作法]

1 無鹽奶油＋水，煮滾。

2 加入過篩的低筋麵粉。

3 用打蛋器快速攪拌約40秒。

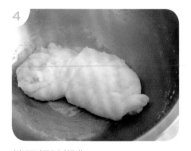

4 拌至麵粉糊化。

5 離火，降溫到60℃左右。

6 分次加入全蛋。

7 用手提電動打蛋器攪勻。

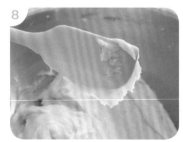

8 靜置5分鐘，呈現不流動的薄片鋸齒狀，此即泡芙麵糊。

＊泡芙麵糊現打現烤，膨脹效果最佳。

＊烤好的泡芙食用前再夾餡口感較好。

＊夾餡前，若泡芙殼軟化可放入烤箱以100℃回烤至表面變脆即可。

最佳賞味
冷藏 4 天

小泡芙
草莓

[材料]

泡芙麵糊	適量（作法見**P132**）
打發動物性鮮奶油	適量
草莓	適量

[作法]

1

泡芙麵糊裝入平口花嘴擠花袋，在鋪紙的烤盤裡擠∅3cm的圓。

2

表面噴灑少許水。

3

用叉子將麵糊尖端按壓平整，放入烤箱，以上火190℃／下火190℃，烤焙20～22分鐘，出爐放涼。

4

用鋸齒刀將泡芙橫剖成上、下兩半。

5

下層泡芙擠上打發動物性鮮奶油。

6

擺上半顆草莓，蓋回上層泡芙即可。

小泡芙
迷你動物

[材料]

泡芙麵糊	適量（作法見P132）	草莓巧克力	適量
苦甜巧克力	適量	白巧克力	適量
檸檬巧克力	適量		

[作法]

1

泡芙麵糊裝入平口花嘴擠花袋，在鋪紙的烤盤裡擠Ø2.5cm的圓，表面噴少許水。

2

用手指將麵糊尖端按壓平整，放入烤箱，以上火190℃／下火190℃，烤焙18～22分鐘，出爐放涼。

3

各色巧克力隔水加熱融化，裝在三角袋中，用剪刀剪一個小洞，填入冷卻的泡芙中（泡芙先用工具戳小洞）。

4

用巧克力工具叉固定泡芙。

5

整顆沾裹融化的各色巧克力，靜置待凝固。

6

待巧克力凝固，用苦甜巧克力或白巧克力畫出表情即可。

> **擠麵糊的技巧**
> 在白報紙上畫出所需圓圈大小，上面再疊一張空白的烤焙紙，擠麵糊時就能依照圓圈大小，擠出數個大小一致的麵糊囉！

菠蘿泡芙
小熊脆皮

[材料]

A 菠蘿皮

無鹽奶油60g、細砂糖50g、
蛋白15g、香草莢醬1小滴、低
筋麵粉80g

B

泡芙麵糊適量（作法見P132）、
果泥卡士達餡適量（作法見P143）、
苦甜巧克力適量、翻糖片適量（作法見P14）、
玉米粉適量

※翻糖片厚度0.2cm。

[作法]

1 菠蘿皮：無鹽奶油用手
提電動打蛋器打軟，加
入細砂糖，快速攪打1
分鐘，至顏色變白。

2 加入蛋白，快速打1分
鐘，再加香草莢醬，用
刮刀拌勻。

3 加入過篩的低筋麵粉，
用刮刀拌勻。

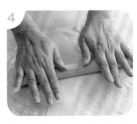

4 裝入塑膠袋，擀成厚度
約0.3cm，放入冰箱冷
凍冰硬，備用。

5 組合：泡芙麵糊裝入平
口花嘴擠花袋，在鋪
紙的烤盤裡擠Ø4cm的
圓，表面噴少許水。

6 取出冰硬的菠蘿皮，以
Ø3.5cm的圓模壓出菠
蘿片。

7 將菠蘿片放在泡芙麵
糊上，放入烤箱，
以上火190℃／下火
190℃，烤焙20～25分
鐘，出爐，放涼，從底
部灌入果泥卡士達餡。

8 泡芙頂端兩側用剪刀或
小刀剪出橫線。

9 插入苦甜巧克力鈕扣，
當耳朵。

10 翻糖片用模型壓出圓
圈，拍上薄薄一層玉米
粉，防止拿取時沾手。

11 將翻糖片貼在泡芙上，
壓合。

12 用融化的苦甜巧克力畫
出表情即可。

轉印泡芙
巧克力

[材料]

泡芙麵糊 　　　適量（作法見P132）　｜　果醬卡士達館　適量（作法見P143）　｜　巧克力轉印紙　適量
菠蘿皮 　　　　適量（作法見P137）　｜　苦甜巧克力　　適量

[作法]

1
泡芙麵糊裝入平口花嘴擠花袋，在鋪紙的烤盤裡擠∅4cm的圓，表面噴少許水。

2
取出冰硬的菠蘿皮，以∅3.5cm的圓模壓出菠蘿片。

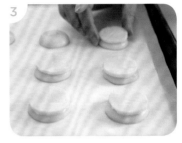
3
將菠蘿片放在泡芙麵糊上，放入烤箱，以上火190℃／下火190℃，烤焙20～25分鐘，出爐，放涼。

4
從菠蘿泡芙底部灌入果醬卡士達館，用巧克力叉子固定。

5
底部沾裹融化的苦甜巧克力。

6
放在巧克力轉印紙上，靜置。

7
待巧克力凝固後，撕除巧克力轉印紙即可。

閃電鮮果泡芙

最佳賞味
冷藏 4 天

[材料]

泡芙麵糊	適量（作法見P132）
菠蘿皮	適量（作法見P137）
打發動物性鮮奶油	適量
各式水果	適量
裝飾插卡	適量

[作法]

1
泡芙麵糊裝入平口花嘴擠花袋，在鋪紙的烤盤裡擠10cm的長條，表面噴少許水。

2
菠蘿皮麵糊裝入鋸齒花嘴擠花袋。

3
在泡芙麵糊上擠出等大的長條形菠蘿皮，放入烤箱，以上火190℃／下火190℃，烤焙20～25分鐘，出爐放涼。

4
打發動物性鮮奶油裝入菊形花嘴擠花袋，在泡芙上擠出花樣。

5
擺上各式水果，再以插卡裝飾即可。

最佳賞味
冷藏 4 天

泡芙
水果圈圈

[材料]

泡芙麵糊	適量（作法見P132）
菠蘿皮	適量（作法見P137）
香草卡士達餡	適量（作法見P142）
各式水果	適量
防潮糖粉	適量

[作法]

1　泡芙麵糊裝入平口花嘴擠花袋，在鋪紙的烤盤裡擠Ø4cm的空心圓，表面噴少許水。

2　菠蘿皮麵糊裝入鋸齒花嘴擠花袋，在泡芙麵糊上擠出等大的環形圓圈，放入烤箱，以上火190℃／下火190℃，烤焙20～25分鐘，出爐。

3　泡芙冷卻後，以鋸齒刀剖開成上、下兩半。

4　下層泡芙擠上香草卡士達餡。

5　擺上各式水果丁。

6　蓋上上層泡芙，再撒上防潮糖粉即可。

原味卡士達餡

[材料]

奶粉10g、水90g、細砂糖50g、鹽1g、全蛋1顆、
玉米粉15g、香草粉1g、無鹽奶油5g

[作法]

1 奶粉＋水，拌勻，加入細砂糖＋鹽，攪拌至無顆粒狀（可稍微加熱，幫助砂糖融解）。

2 另取一盆，裝入全蛋＋過篩的玉米粉與香草粉，拌勻。

3 將作法1倒入作法2，邊倒邊用打蛋器攪拌。

4 移到爐火上，邊煮邊攪拌到呈濃稠狀。

5 加入無鹽奶油，拌勻即可。

※加入適量打發的植物性鮮奶油，可拌勻成原味卡士達鮮奶油餡。

香草卡士達餡

[材料]

香草莢1/2根、鮮奶150g、細砂糖50g、蛋黃2顆、
玉米粉20g、無鹽奶油10g

[作法]

1 香草莢剖開，用刀刮出香草籽，加入鮮奶＋細砂糖，放入鋼盆中，攪拌至無顆粒狀（可稍微加熱到40℃，幫助砂糖融解）。

2 另取一盆，裝入蛋黃＋過篩的玉米粉，拌勻。

3 將作法1倒入作法2，邊倒邊用打蛋器攪拌。

4 移到爐火上，邊煮邊攪拌到濃稠狀。

5 加入無鹽奶油，拌勻即可。

※加入適量打發的植物性鮮奶油，可拌勻成香草卡士達鮮奶油餡。

最佳賞味 冷藏 4 天 　果泥卡士達餡

[材料]
鮮奶90g、細砂糖60g、蛋黃3顆、玉米粉15g、
喜歡的水果果泥100g

[作法]

1
鮮奶＋細砂糖，攪拌至無顆粒狀（可稍微加熱到40℃，幫助砂糖融解）。

2
另取一盆，裝入蛋黃＋過篩的玉米粉，拌勻，加入水果果泥，拌勻。

3
將作法1倒入作法2，邊倒邊用打蛋器攪拌。

4
移到爐火上，邊煮邊攪拌到濃稠狀即可。

※加入適量打發的植物性鮮奶油，可拌勻成果泥卡士達鮮奶油餡。

最佳賞味 冷藏 4 天 　果醬卡士達餡

[材料]
鮮奶200g、卡士達粉70g、藍莓果醬200g、
蘭姆酒 1 茶匙

[作法]

1
鮮奶＋過篩的卡士達粉，以打蛋器攪拌至無顆粒狀。

2
加入藍莓果醬。

3
攪拌到濃稠狀。

4
加入蘭姆酒拌勻即可。

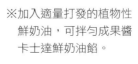
※加入適量打發的植物性鮮奶油，可拌勻成果醬卡士達鮮奶油餡。

脆 烤
皮 布
　 蕾

模具尺寸｜直徑**6cm**×高度**3.5cm**
製作份量｜**50g×10杯**
最佳賞味｜冷藏**4天**

[材料]

香草莢	1根	細砂糖	75g	黃金砂糖（或法國紅糖）	適量
鮮奶	300g	蛋黃	1顆		
動物性鮮奶油	150g	全蛋	3顆		

[作法]

1

香草莢剖開，刮出香草籽。

2

香草籽＋鮮奶＋動物性鮮奶油，放入鋼盆中，上爐煮到60℃。

3

加入細砂糖攪拌到砂糖融化，稍微放涼。

4

另取一盆，放入蛋黃＋全蛋，以打蛋器拌勻。

5

分次加入作法3，攪拌均勻。

6

過篩使質地更加細緻，靜置20分鐘，即為蛋奶糊。

7

將烤盅排放在烤盤上，倒入蛋奶糊。

8

烤盤加入高約1cm的水（水浴蒸烤法），放入烤箱，以上火170℃／下火170℃，烤焙25～30分鐘，出爐後降溫冰涼。

9

食用前撒上黃金砂糖（或法國紅糖），用噴槍烤到砂糖呈現脆焦糖狀即可。

模具尺寸｜直徑6cm×高度3.5cm
製作份量｜25g×10杯
最佳賞味｜出爐後立即享用

香草舒芙蕾

[材料]
香草莢1/4根、鮮奶40g、無鹽奶油15g、低筋麵粉40g、
蛋黃1顆、細砂糖Ａ20g、蛋白3顆、細砂糖Ｂ50g、
防潮糖粉適量

[作法]

1

烤盅刷上軟化的無鹽奶油（份量外）。

2

烤盅裝入細砂糖（份量外），再將多餘的細砂糖倒除。

3

香草莢剖開，用刀刮出香草籽，加入鮮奶＋無鹽奶油，上爐煮到60℃。

4

加入細砂糖Ａ，攪拌到砂糖融化，離火。

5

加入蛋黃，拌勻。

6

加入過篩的低筋麵粉，拌勻成蛋黃糊。

7

另取一個乾淨的鋼盆，放入蛋白，用手提電動打蛋器，以同方向、最快速，打發20秒，加入細砂糖Ｂ。

8
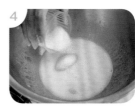
再用同方向最快速，打發2分鐘，再轉慢速打30秒，讓打發蛋白更細緻。

9

將作法8打發蛋白分3次加入作法6蛋黃糊中，拌勻。

10
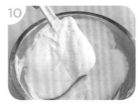
拌勻成舒芙蕾麵糊。

11

舒芙蕾麵糊填入作法2的烤盅內，每杯25g。

12

輕輕敲平麵糊（下方墊布避免烤盅受損），放入烤箱，先以上火220℃／下火180℃，烤焙3分鐘，再降溫成上火180℃／下火170℃，烤焙10～12分鐘，出爐後撒上防潮糖粉，趁熱馬上食用。

製作份量 | **8吋×1個**
最佳賞味 | **冷藏4天**

千層蛋糕
香草

千層蛋糕
咖啡核桃

製作份量｜8吋×1個
最佳賞味｜冷藏4天

香草千層蛋糕

[材料]

A 香草麵糊

全蛋	2顆
細砂糖	30g
香草莢	1/4根
奶粉	35g
水	315g

低筋麵粉	140g
玉米粉	10g
沙拉油	30g

B 卡士達奶油餡

動物性鮮奶油	180g
鮮奶	210g

卡士達粉	65g
蘭姆酒	1茶匙

C 裝飾用

防潮糖粉	適量

[作法]

1

香草麵糊：全蛋打散，加入細砂糖，攪拌到砂糖融化，加入刮出的香草籽，拌勻。

2

奶粉＋水，拌勻成牛奶，倒入作法1中，拌勻。

3

加入過篩的低筋麵粉＋玉米粉，攪拌均勻。

4

加入沙拉油，拌勻成麵糊。

5

將麵糊過篩，靜置鬆弛10分鐘，完成香草麵糊。

6

取直徑20cm平底鍋，加熱後離火，舀入一杓香草麵糊。

7

轉動鍋子，使麵糊均勻分布在鍋面。

8

放回爐火上，以小火慢煎，待邊緣上色時，準備翻面。

9

煎到雙面上色，取出靜置放涼，依此方式將麵糊煎完，約可煎10片麵皮。

卡士達奶油餡：動物性鮮奶油放入鋼盆，底下墊一盆冰塊水。

用手提電動打蛋器，以同方向最快速打發，放入冰箱冷藏，備用。

另取一盆，加入鮮奶＋蘭姆酒＋卡士達粉。

用打蛋器攪勻，靜置10分鐘。

分次加入作法11打發的動物性鮮奶油，拌勻。

完成卡士達奶油餡，裝入鋸齒花嘴擠花袋。

組合：取一片麵皮，擠上一層內餡（※用花嘴擠內餡非常簡便，可以試試看喔！）。

蓋上另一片麵皮。

用手輕壓、拍平。

擠第二層內餡方向要和上一層垂直，疊起來才會平衡。

依此方式層層疊疊，到最後一層時，內餡需擠滿整個表面。

蓋上最後一片麵皮，放入冰箱冷凍至冰硬，食用前取出，表面撒上防潮糖粉即可。

咖啡核桃千層

[材料]

A 咖啡麵糊

無鹽奶油	30g	低筋麵粉	120g	
熱開水	150g	**B 咖啡核桃奶油餡**		
即溶咖啡粉	4g	蜜核桃	50g	
鮮奶	200g	動物性鮮奶油	200g	
全蛋	2顆	熱開水	80g	
細砂糖	40g	即溶咖啡粉	2g	

鮮奶	160g
咖啡香甜酒	1茶匙
卡士達粉	60g

C 夾餡＆裝飾

蜜核桃	適量
防潮可可粉	適量

[作法]

1
咖啡麵糊：無鹽奶油隔水加熱至融化，備用。

2
另取一盆，加入熱開水＋即溶咖啡粉，拌勻。

3
加入鮮奶，拌勻。

4
倒入全蛋中，混合拌勻。

5
加入作法1的融化的無鹽奶油，拌勻。

6
加入細砂糖，攪拌到砂糖融化，再加入低筋麵粉。

7
拌勻成麵糊，過篩，靜置鬆弛10分鐘，完成咖啡麵糊。

8
取直徑20cm平底鍋，加熱後離火，舀入一杓咖啡麵糊，轉動鍋子，使麵糊均勻分布，放回爐火上，以小火慢煎。

9
待邊緣上色時，準備翻面，煎到雙面上色，取出靜置放涼，依此方式將麵糊煎完，約可煎10片麵皮。

咖啡核桃餡：蜜核桃切碎

動物性鮮奶油放入鋼盆內，底下墊一盆冰塊水，用手提電動打蛋器，以同方向最快速打發，放入冰箱冷藏，備用。

另取一盆，加入熱開水＋即溶咖啡粉，拌勻。

加入鮮奶，攪拌均勻。

加入咖啡香甜酒，拌勻。

加入卡士達粉，用打蛋器攪拌均勻，靜置10分鐘。

加入作法10的蜜核桃碎。

攪拌均勻。

分次加入作法11打發的動物性鮮奶油，拌勻，完成咖啡核桃奶油餡。

組合：取一片麵皮，用抹刀抹一層咖啡核桃奶油餡，蓋上麵皮，再抹一層奶油餡，再撒上蜜核桃（只要挑選兩～三層加撒核桃，避免千層太厚重）。

有加撒核桃時，要多抹一次咖啡核桃奶油餡，填補核桃縫隙，抹平後再蓋上麵皮。

依此方式層層疊疊，蓋上最後一片麵皮，放入冰箱冷凍至冰硬，食用前取出，表面撒上防潮糖粉即可。

提拉米蘇千層蛋糕

制作份量｜8吋×1個
最佳賞味｜冷藏4天

草莓千層蛋糕

[材料]

A 奶香麵糊

無鹽奶油	30g
全蛋	2顆
細砂糖	30g
鮮奶	350g
低筋麵粉	140g
玉米粉	10g

B 草莓奶油餡

動物性鮮奶油	200g
新鮮草莓	100g
鮮奶	130g
卡士達粉	65g

C 夾餡＆裝飾

新鮮草莓	適量
打發動物性鮮奶油	適量
防潮糖粉	適量

[作法]

1 **奶香麵糊：** 無鹽奶油隔水加熱至融化，備用。

2 另取一盆，放入全蛋打散，加入細砂糖攪到砂糖融化，再加入鮮奶攪勻。

3 加入過篩的低筋麵粉與玉米粉，攪拌均勻。

4 加入作法1的無鹽奶油，拌勻。

5 將麵糊過篩，靜置鬆弛10分鐘，完成奶香麵糊。

6 取直徑20cm平底鍋，加熱後離火，舀入一杓奶香麵糊。

7

轉動鍋子，使麵糊均勻分布在鍋面。

8

放回爐火上，以小火慢煎，待邊緣上色時，準備翻面，煎到雙面上色，取出靜置放涼，依此方式將麵糊煎完，約可煎10片麵皮。

9

草莓奶油餡：動物性鮮奶油放入鋼盆內，底下墊一盆冰塊水，用手提電動打蛋器，以同方向最快速打發，放入冰箱冷藏，備用。

10

草莓洗淨、擦乾、去蒂頭，放入果汁機，加入鮮奶打成泥。

11

將草莓泥加入卡士達粉，用打蛋器攪勻。

12

再分次加入作法9打發的動物性鮮奶油，以打蛋器攪拌。

13

拌勻完成草莓奶油餡，裝入鋸齒花嘴擠花袋中，備用。

14

組合：草莓洗淨、擦乾、去蒂頭，切0.5cm厚片。取一片麵皮，擠滿草莓奶油餡，均勻鋪上草莓片（只要挑選兩～三層撒草莓片，避免千層太厚重）。

15

再擠上滿滿一層草莓奶油餡（留意每層奶油餡要垂直交錯擠滿），再蓋上麵皮。

16

依此方式層層疊疊，蓋上最後一片麵皮，用抹刀將側邊奶油抹平。

17

打發動物性鮮奶油裝入菊形花嘴擠花袋，在千層蛋糕表面擠上8朵奶油花。

18

擺上草莓，放入冰箱冷藏至冰硬，食用前取出，表面撒上防潮糖粉即可。

提拉米蘇千層蛋糕

[材料]

A 巧克力麵糊

無糖可可粉	20g
沙拉油	30g
鮮奶	350g
全蛋	2顆
細砂糖	35g
低筋麵粉	120g

B 提拉米蘇慕斯餡

動物性鮮奶油	300g
義式濃縮咖啡	20g
細砂糖	15g
吉利丁片	4片
馬斯卡彭起司	150g
咖啡香甜酒	10g

C 裝飾用

防潮可可粉	適量

[作法]

1
巧克力麵糊: 沙拉油上爐加熱到40℃,熄火,加入過篩的無糖可可粉,拌勻。

2
加入鮮奶,拌勻,再加入全蛋,拌勻。

3
加入細砂糖,攪拌到砂糖融化,再加入過篩的低筋麵粉。

4
攪拌均勻後過篩,靜置鬆弛10分鐘,完成巧克力麵糊。

5
取直徑20公分平底鍋,加熱後離火,舀入一杓巧克力麵糊,轉動鍋子,使麵糊均勻分布,放回爐火上,以小火慢煎。

6
邊緣上色後翻面,煎到雙面上色,取出靜置放涼,依此方式將麵糊煎完,約可煎10片。

7

提拉米蘇慕斯餡： 動物性鮮奶油放入鋼盆內，底下墊一盆冰塊水，用手提電動打蛋器，以同方向最快速打發，放入冰箱冷藏，備用。

8

另取一盆，裝入義式濃縮咖啡，加熱到40℃，加入細砂糖，攪拌到砂糖融化。

9

吉利丁片泡冰水至軟，擠乾多餘的水分，加入作法8中，攪拌至融化。

10

加入馬斯卡彭起司，拌勻。

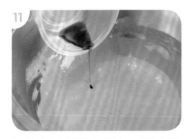

11

加入咖啡香甜酒拌勻，離火降溫。

12

分次加入作法7打發的動物性鮮奶油。

13

拌勻，完成提拉米蘇慕斯餡，裝入鋸齒擠花袋。

14

組合： 取一片麵皮，擠上一層內餡。

15

蓋上一片麵皮，輕壓拍平。

16

擠內餡方向要和上一層垂直，疊起來才會平衡，依此方式層層疊疊，到最後一層時，內餡需擠滿整個表面。

17

蓋上最後一片麵皮，放入冰箱冷凍至冰硬。

18

食用前取出，表面撒上防潮可可粉即可。

盆栽提拉米蘇

[材料]
巧克力蛋糕片適量（作法見
P125）、提拉米蘇慕斯餡適量
（作法見**P158**）、巧克力餅乾粉
適量、草莓適量

[作法]

1
巧克力戚風蛋糕用模型壓出圓
片，放入盆栽杯。

2
擠入提拉米蘇慕斯餡→放一片蛋
糕→擠一層提拉米蘇慕斯餡。

3
將提拉米蘇慕斯餡抹平，鋪上
巧克力餅乾粉。

4
頂端擺上草莓即可。

千層
抹茶紅豆

抹茶紅豆千層蛋糕

[材料]

A 抹茶麵糊

熱開水	50g
抹茶粉	10g
鮮奶	300g
全蛋	2顆
細砂糖	40g
低筋麵粉	120g
沙拉油	30g

B 紅豆奶油餡

動物性鮮奶油	200g
熱開水	100g
紅豆沙	30g
鮮奶	100g
卡士達粉	65g

C 夾餡＆裝飾

蜜紅豆顆粒	100g
防潮糖粉	適量

[作法]

1
抹茶麵糊： 熱開水＋抹茶粉，放入鋼盆，攪勻。

2
加入鮮奶，拌勻。

3
加入全蛋，拌勻。

4
加入細砂糖，攪拌到砂糖融化，再加入過篩的低筋麵粉，拌勻。

5
加入沙拉油，拌勻。

6
將麵糊過篩，靜置鬆弛10分鐘，完成抹茶麵糊。

7 取直徑20公分平底鍋，加熱後離火，舀入一杓抹茶麵糊。

8 轉動鍋子，使麵糊均勻分布，再放回爐火上，以小火慢煎。

9 邊緣上色後翻面，煎到雙面上色，取出靜置放涼，依此方式將麵糊煎完，約可煎10片麵皮。

10 **紅豆奶油餡**：動物性鮮奶油放入鋼盆內，底下墊一盆冰塊水，用手提電動打蛋器，以同方向最快速打發，放入冰箱冷藏，備用。

11 另取一盆，裝入熱開水＋紅豆沙，攪拌均勻。

12 加入鮮奶，用打蛋器攪勻，再加入卡士達粉。

13 攪勻，靜置10分鐘。

14 分次加入作法10打發的動物性鮮奶油。

15 拌勻，完成紅豆奶油餡。

16 **組合**：取一片麵皮，抹一層紅豆奶油餡，撒上蜜紅豆顆粒（只要挑選三～四層加撒蜜紅豆顆粒，避免千層太厚重）。

17 有加撒蜜紅豆顆粒時，要多抹一次紅豆奶油餡，填補縫隙，抹平後再蓋上麵皮。

18 依此方式層層疊疊，蓋上最後一片麵皮，放入冰箱冷凍至冰硬，食用前取出，表面撒上防潮糖粉即可。

巧克力鍋

最佳賞味
冷藏 4 天

[材料]

苦甜巧克力	100g
動物性鮮奶油	130g
深色可可香甜酒	10g
棉花糖（或水果）	適量

[作法]

1

苦甜巧克力放入鋼盆中，隔水加熱至融化。

2

動物性鮮奶油加熱至40℃，緩緩倒入作法1中，用刮刀拌勻。

3

至呈現細緻無顆粒的流狀（如有顆粒需過篩），加入深色可可香甜酒拌勻，盛入巧克力鍋，搭配棉花糖或水果沾食即可。

麥田金老師開課資訊

教室名稱	報名電話	上課地址
麥田金烘焙教室	03-374-6686	桃園市八德區銀和街17號

●台北市、新北市

教室名稱	報名電話	上課地址
172探索教室	0918-888-456	台北市大安區敦化南路二段172巷5弄11號
110食驗室	02-8866-5031	台北市士林區忠誠路一段110號
好學文創工坊	02-8261-5909	新北市土城區金城路二段386號(一樓)378號(二樓)
果林烘焙教室	02-2958-2891	新北市板橋區五權街11號1樓
快樂媽媽烘焙教室	02-2287-6020	新北市三重區永福街242號

●桃園、新竹

教室名稱	報名電話	上課地址
全國廚藝教室-大有店	03-331-6508	桃園市桃園區大有路85號
樂活時光手作烘焙教室	0927-620-082	桃園市蘆竹區南順七街32巷5號1樓
富春手作料理私廚	03-491-9142	桃園市中壢區明德路260號4樓
月桂坊烘焙教室	03-592-7922	新竹縣芎林鄉富林路二段281號之2
36號廚藝教室	03-553-5719	新竹縣竹北市文明街36號

●台中、彰化

教室名稱	報名電話	上課地址
台中-永誠行-民生店	04-2224-9876	台中市民生路147號
彰化-永誠行-彰新店	0912-631-570	彰化縣和美鎮彰新路二段202號

●雲林、嘉義、台南

教室名稱	報名電話	上課地址
CC Cooking 教室	05-536-0158	雲林縣斗六市仁愛路22號
潘老師廚藝教室	05-232-7443	嘉義市文化路447號
墨菲烘焙教室	06-249-3838	台南市仁德區仁義一街80號
朵雲烘焙教室	0986-930-376	台南市德昌路196巷3號
蕃茄親了土司烘焙教室	0955-760-866	台南市永康區富強路一段87號

●高雄、屏東

教室名稱	報名電話	上課地址
比比烘焙教室	07-2856-658	高雄市前金區瑞源路146號
我愛三寶親子烘焙教室	0926-222-267	高雄市前鎮區正勤路55號
旺來昌-公正店烘焙教室	07-713-5345轉36	高雄市前鎮區公正路181號
愛奶客烘焙教室	08-737-2322	屏東市華正路158號

●東部

教室名稱	報名電話	上課地址
宜蘭餐飲協會	0918-888-456	宜蘭縣五結鄉國民南路5-15號

全台烘焙材料店一覽表

●基隆、台北市、新北市

名稱	電話	地址
富盛烘焙材料行	(02)2425-9255	基隆市仁愛區曲水街18號1F
燈燦食品有限公司	(02)2557-8104	台北市民樂街125號
日光烘焙材料專門店	(02)8780-2469	台北市信義區莊敬路341巷19號
松美烘焙材料	(02)2727-2063	台北市忠孝東路五段790巷62弄9號
飛訊有限公司	(02)2883-0000	台北市士林區承德路四段277巷83號
明瑄DIY原料行	(02)8751-9662	台北市內湖區港漧路36號
嘉順烘焙材料器具行	(02)2633-1346	台北市內湖區五分街25號
得宏器具原料專賣店	(02)2783-4843	台北市南港區研究院路1段96號
橙佳坊烘焙教學器具原料	(02)2786-5709	台北市南港區玉成街211號1樓
菁乙烘焙材料行	(02)2933-1498	台北市文山區景華街88號
全家烘焙DIY材料行	(02)2932-0405	台北市文山區羅斯福路5段218巷36號
大福烘焙工坊	0971-211-619	台北市信義區莊敬路423巷2弄30號
大家發食品原料廣場	(02)8953-9111	新北市板橋區三民路一段101號
全成功企業有限公司	(02)2255-9482	新北市板橋區互助街320號
聖寶食品商行	(02)2963-3112	新北市板橋區觀光街5號
安欣西點麵包器具材料行	(02)2225-0018	新北市中和區市連城路389巷12號
艾佳食品原料店中和店	(02)8660-8895	新北市中和區宜安路118巷14號
馥品屋食品原料行	(02)8675-1687	新北市樹林區大安路173號
快樂媽媽烘焙食品行	(02)2287-6020	新北市三重區永福街242號
家藝烘焙材料行	(02)8983-2089	新北市三重區重陽路一段113巷1弄38號
鼎香居烘焙材料行	(02)2998-2335	新北市新莊區新泰路408號
柏麗手作烘焙教室	02-2998-2338	新北市新莊區昌平街71巷8號1樓
麗莎烘焙材料行	(02)8201-8458	新北市新莊區四維路152巷5號
溫馨屋烘焙坊	(02)2621-4229	新北市淡水區英專路78號

●桃園、新竹、苗栗

名稱	電話	地址
全國食材廣場－大有店	(03)333-9985	桃園市桃園區大有路85號
全國食材廣場－長興店	(03)332-5820	桃園市蘆竹區長興路4段338號
好萊屋食品原料－民生店	(03)333-1879	桃園市桃園區民生路475號
好萊屋食品原料－復興店	(03)335-3963	桃園市桃園區復興路345號
艾佳食品原料－桃園店	(03)332-0178	桃園市桃園區永安路281號
陸光烘焙材料店	(03)362-9783	桃園市八德區陸光街1號
羊奶雜貨舖手做烘焙教室	(03)3750259	桃園市八德區忠勇五街8號
家佳福烘焙材料DIY店	(03)492-4558	桃園市平鎮區環南路66巷18弄24號
櫻枋烘焙原料行	(03)212-5683	桃園市龜山區南上路122號
好萊屋食品原料－中壢店	(03)422-2721	桃園市中壢區中豐路176號
艾佳食品原料－中壢店	(03)468-4558	桃園市中壢區環中東路二段762號
烘焙天地原料行	(03)562-0676	新竹市建華路19號
新勝發商行	(03)532-3027	新竹市民權路159號
葉記食品原料行	(03)531-2055	新竹市鐵道路二段231號
艾佳食品原料－竹北店	(03)550-9977	新竹縣竹北市成功八路286號
詮紘食材行	(03)785-5806	苗栗縣苑裡鎮苑南里5鄰新生路17號

● 台中、彰化、南投

名稱	電話	地址
永誠烘焙－民生店	(04)2224-9876	台中市西區民生路147號
永誠烘焙－精誠店	(04)2472-7578	台中市西區精誠路319號
永美製餅材料行	(04)2205-8587	台中市北區健行露663號
總信食品有限公司	(04)2229-1399	台中市南區新榮里復興路3段109-4號1樓

生暉行	(04)2463-5678	台中市西屯區福順路10號
齊誠商行	(04)2234-3000	台中市北區雙十路二段79號
鼎亨行	(04)2678-3372	台中市大甲區光明路60號
茗泰食品有限公司	(04)2421-1905	台中市北屯區昌平路二段20之2號
九九行國際有限公司	(04)2461-3699	台中市西屯區中港路50號
辰豐烘焙食品有限公司	(04)2425-9869	台中市西屯區中清路151-25號
禾沐生活學苑	(04)22588828	台中市西屯區朝富路30號2樓
富偉食品行	(04)2310-0239	台中市南屯區大墩19街241號
漢泰食品原料批倉儲	(04)2522-8618	台中市豐原區直興街76號
大里鄉食品原料行	(04)2406-3338	台中市大里區大里路長興一街62號
永誠烘焙材料器具－三福店	(04)724-3927	彰化市三福街195號
永誠烘焙材料器具－彰新店	(04)733-2388	彰化縣和美鎮彰新路二段202號
金永誠行	(04)832-2811	彰化縣員林鎮員水路2段423號
祥成食品原料行	(04)757-7267	彰化縣和美鎮道周路570號
名陞食品企業有限公司	(04)761-0099	彰化市金馬路3段393號
順興食品原料行	(04)9233-3455	南投縣草屯鎮中正路586-5號
協昌五金超市	(04)9235-2000	南投縣草屯鎮太平路一段488號

● 雲林、嘉義、台南

名稱	電話	地址
協美行	(05)631-2819	雲林縣虎尾鎮中正路360號
彩豐食品原料行	(05)-551-6158	雲林縣斗六市西平路137號
福美珍烘焙材料行	(05-)222-4824	嘉義市西榮街135號
旺來鄉食品原料－仁德店	(06)249-8701	台南市仁德區中山路797號1M
旺來鄉食品原料－小北店	(06)252-7975	台南市北門區西門路四段115號
尚品咖啡食品公司	(06)215-3100	台南市東區南門路341號
銘泉食品有限公司	(06)251-8007	台南市北區和緯路二段223號
永昌烘焙器具原料行	(06)2377-115	台南市長榮路一段115號
一芝紅烘焙教室	0989-169-356	台南市永康區中山南路792-1號

● 高雄、屏東

名稱	電話	地址
旺來昌實業－公正店	(07)713-5345	高雄市前鎮區公正路181號
旺來昌實業－博愛店	(07)345-3355	高雄市左營區博愛三路466號
旺來昌實業－右昌店	(07)301-2018	高雄市楠梓區壽豐路385號
德興烘焙器材行	(07)312-7890	高雄市三民區十全二路103號
世昌原料食品公司	(07)811-1587	高雄市前鎮區擴建路1-33號1F
新新食品原料器具公司	(07)622-1677	高雄市岡山區大仁路45號
茂盛食品原料行	(07)625-9679	高雄市岡山區前鋒路29-2號
旺來興企業(股)公司	(07)550-5991	高雄市鼓山區明誠三路461號
旺來興企業(股)公司	(07)370-2223	高雄市鳥松區本館路151號
盛欣烘焙食品原料行	(07)786-2286	高雄市大寮區山頂里鳳林三路776之5號
小渝玩烘焙	(07)343-1915	高雄市左營區民族一路915號
龍田食品有限公司	(08)737-4759	屏東市廣東路398號
四海食品原料公司	(08)762-2000	屏東縣長治鄉崙上村中興路317號
裕軒食品原料行	(08)788-7835	屏東縣潮州鎮太平路473號
龍田食品有限公司	(08)788-7835	屏東縣潮州鎮太平路473號

● 宜蘭、花蓮、台東

名稱	電話	地址
騏霖烘焙食品行	(03)925-2872	宜蘭市安平路390號
欣新烘焙食品行	(03)936-3114	宜蘭市進士路155號
裕順食品股份有限公司	(03)960-5500	宜蘭縣五結鄉五結路3段438號
裕明食品原料行	(03)954-3429	宜蘭縣羅東鎮純精路2段96號
勝華烘焙原料行	(03)856-5285	花蓮市中山路723號
大麥食品原料行	(03)857-8866	花蓮縣吉安鄉自強路369號
大麥食品原料行 (門市)	(03)846-1762	花蓮縣吉安鄉建國路一段58號

麥田金的解密烘焙：

超萌甜點零失敗！88款療癒系裝飾午茶餅乾、蛋糕與西點

作 者	麥田金
責任編輯	張淳盈
特約編輯	黃若珊
美術設計	關雅云
平面攝影	力馬亞文化・蕭維剛

社 長	張淑貞
副總編輯	許貝羚
行 銷	曾于珊

發 行 人	何飛鵬
P C H	生活事業總經理 李淑霞
出 版	城邦文化事業股份有限公司 麥浩斯出版
地 址	104台北市民生東路二段141號8樓
電 話	02-2500-7578
發 行	英屬蓋曼群島商家庭傳媒股份有限公司城邦分公司
地 址	104台北市民生東路二段141號2樓
讀者服務電話	0800-020-299（9:30AM~12:00PM；01:30PM~05:00PM）
讀者服務傳真	02-2517-0999
讀者服務信箱	E-mail：csc@cite.com.tw
劃撥帳號	19833516
戶 名	英屬蓋曼群島商家庭傳媒股份有限公司城邦分公司
香港發行	城邦〈香港〉出版集團有限公司
地 址	香港灣仔駱克道193號東超商業中心1樓
電 話	852-2508-6231
傳 真	852-2578-9337

馬新發行	城邦〈馬新〉出版集團Cite(M) Sdn. Bhd.(458372U)
地 址	41, Jalan Radin Anum, Bandar Baru Sri Petaling, 57000 Kuala Lumpur, Malaysia
電 話	603-90578822
傳 真	603-90576622

製版印刷	凱林印刷事業股份有限公司
總 經 銷	聯合發行股份有限公司
地 址	新北市新店區寶橋路235巷6弄6號2樓
電 話	02-2917-8022
版 次	初版一刷 2017年06月
定 價	新台幣380元 / 港幣127元

Printed in Taiwan

國家圖書館出版品預行編目(CIP)資料

麥田金的解密烘焙：超萌甜點零失敗！88款療癒系裝飾午茶餅乾、蛋糕與西點/ 麥田金著. - 初版. 臺北市：麥浩斯出版：家庭傳媒城邦分公司發行, 2017.06
面 ;19x26公分
ISBN 978-986-408-279-7 (平裝)
1.點心食譜 2.甜點 3.飲食
427.16　　　　　　　106007273